차 례

주판으로 배우는 암산 수학

2단

2거듭 더하기의 약속

> 2+2는 2의 두배와 같습니다.
> 2의 두배는 2×2라고 씁니다.
> 2×2는 **2 곱하기 2** 라고 읽습니다.

2씩 거듭 더하기	2단	답
❶ 2	2× ☐	☐
❷ 2+2	2× ☐	☐
❸ 2+2+2	2× ☐	☐
❹ 2+2+2+2	2× ☐	☐
❺ 2+2+2+2+2	2× ☐	☐
❻ 2+2+2+2+2+2	2× ☐	☐
❼ 2+2+2+2+2+2+2	2× ☐	☐
❽ 2+2+2+2+2+2+2+2	2× ☐	☐
❾ 2+2+2+2+2+2+2+2+2	2× ☐	☐
❿ 2+2+2+2+2+2+2+2+2+2	2× ☐	☐

걸린 시간

_____ 분

_____ 초

구구단 쓰기 연습

$2 \times 0 = 00$
$2 \times 1 = 02$
$2 \times 2 = 04$
$2 \times 3 = 06$
$2 \times 4 = 08$
$2 \times 5 = 10$
$2 \times 6 = 12$
$2 \times 7 = 14$
$2 \times 8 = 16$
$2 \times 9 = 18$

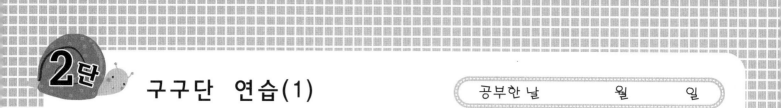

구구단 연습(1)

1 $2 \times 0 =$

2 $2 \times 1 =$

3 $2 \times 2 =$

4 $2 \times 3 =$

5 $2 \times 4 =$

6 $2 \times 5 =$

7 $2 \times 6 =$

8 $2 \times 7 =$

9 $2 \times 8 =$

10 $2 \times 9 =$

11 $2 \times 1 =$

12 $2 \times 3 =$

13 $2 \times 5 =$

14 $2 \times 7 =$

15 $2 \times 9 =$

16 $2 \times 0 =$

17 $2 \times 2 =$

18 $2 \times 4 =$

19 $2 \times 6 =$

20 $2 \times 8 =$

21 $2 \times 6 =$

22 $2 \times 4 =$

23 $2 \times 9 =$

24 $2 \times 5 =$

25 $2 \times 3 =$

26 $2 \times 8 =$

27 $2 \times 1 =$

28 $2 \times 0 =$

29 $2 \times 2 =$

30 $2 \times 7 =$

31 $2 \times 9 =$

32 $2 \times 0 =$

33 $2 \times 2 =$

34 $2 \times 6 =$

35 $2 \times 4 =$

36 $2 \times 7 =$

37 $2 \times 5 =$

38 $2 \times 8 =$

39 $2 \times 3 =$

40 $2 \times 1 =$

걸린 시간

_____분

_____초

4

2단 구구단 연습(2)

1	$2 \times 7 =$	
2	$2 \times 1 =$	
3	$2 \times 5 =$	
4	$2 \times 8 =$	
5	$2 \times 4 =$	
6	$2 \times 2 =$	
7	$2 \times 6 =$	
8	$2 \times 0 =$	
9	$2 \times 3 =$	
10	$2 \times 9 =$	
11	$2 \times 6 =$	
12	$2 \times 1 =$	
13	$2 \times 5 =$	
14	$2 \times 0 =$	
15	$2 \times 3 =$	
16	$2 \times 8 =$	
17	$2 \times 2 =$	
18	$2 \times 7 =$	
19	$2 \times 9 =$	
20	$2 \times 4 =$	

21 $2 \times 2 =$

22 $2 \times 8 =$

23 $2 \times 3 =$

24 $2 \times 7 =$

25 $2 \times 9 =$

26 $2 \times 4 =$

27 $2 \times 5 =$

28 $2 \times 1 =$

29 $2 \times 6 =$

30 $2 \times 0 =$

31 $2 \times 3 =$

32 $2 \times 9 =$

33 $2 \times 4 =$

34 $2 \times 8 =$

35 $2 \times 0 =$

36 $2 \times 5 =$

37 $2 \times 1 =$

38 $2 \times 6 =$

39 $2 \times 2 =$

40 $2 \times 7 =$

걸린 시간

_____분

_____초

2단 구구단 괄호 넣기(1)

1. $2 \times (\quad) = 00$
2. $2 \times (\quad) = 02$
3. $2 \times (\quad) = 04$
4. $2 \times (\quad) = 06$
5. $2 \times (\quad) = 08$
6. $2 \times (\quad) = 10$
7. $2 \times (\quad) = 12$
8. $2 \times (\quad) = 14$
9. $2 \times (\quad) = 16$
10. $2 \times (\quad) = 18$
11. $2 \times (\quad) = 02$
12. $2 \times (\quad) = 06$
13. $2 \times (\quad) = 10$
14. $2 \times (\quad) = 14$
15. $2 \times (\quad) = 18$
16. $2 \times (\quad) = 00$
17. $2 \times (\quad) = 04$
18. $2 \times (\quad) = 08$
19. $2 \times (\quad) = 12$
20. $2 \times (\quad) = 16$

21. $2 \times (\quad) = 14$
22. $2 \times (\quad) = 06$
23. $2 \times (\quad) = 16$
24. $2 \times (\quad) = 10$
25. $2 \times (\quad) = 00$
26. $2 \times (\quad) = 08$
27. $2 \times (\quad) = 02$
28. $2 \times (\quad) = 12$
29. $2 \times (\quad) = 18$
30. $2 \times (\quad) = 04$
31. $2 \times (\quad) = 16$
32. $2 \times (\quad) = 10$
33. $2 \times (\quad) = 02$
34. $2 \times (\quad) = 08$
35. $2 \times (\quad) = 04$
36. $2 \times (\quad) = 14$
37. $2 \times (\quad) = 00$
38. $2 \times (\quad) = 18$
39. $2 \times (\quad) = 06$
40. $2 \times (\quad) = 12$

걸린 시간

_____분

_____초

구구단 괄호 넣기(2)

1   $2 \times (\quad) = 08$

2   $2 \times (\quad) = 16$

3   $2 \times (\quad) = 02$

4   $2 \times (\quad) = 14$

5   $2 \times (\quad) = 00$

6   $2 \times (\quad) = 06$

7   $2 \times (\quad) = 10$

8   $2 \times (\quad) = 18$

9   $2 \times (\quad) = 12$

10 $2 \times (\quad) = 04$

11 $2 \times (\quad) = 16$

12 $2 \times (\quad) = 00$

13 $2 \times (\quad) = 14$

14 $2 \times (\quad) = 10$

15 $2 \times (\quad) = 02$

16 $2 \times (\quad) = 08$

17 $2 \times (\quad) = 04$

18 $2 \times (\quad) = 18$

19 $2 \times (\quad) = 12$

20 $2 \times (\quad) = 06$

21 $2 \times (\quad) = 02$

22 $2 \times (\quad) = 12$

23 $2 \times (\quad) = 08$

24 $2 \times (\quad) = 16$

25 $2 \times (\quad) = 04$

26 $2 \times (\quad) = 14$

27 $2 \times (\quad) = 06$

28 $2 \times (\quad) = 00$

29 $2 \times (\quad) = 18$

30 $2 \times (\quad) = 10$

31 $2 \times (\quad) = 02$

32 $2 \times (\quad) = 12$

33 $2 \times (\quad) = 08$

34 $2 \times (\quad) = 18$

35 $2 \times (\quad) = 04$

36 $2 \times (\quad) = 00$

37 $2 \times (\quad) = 10$

38 $2 \times (\quad) = 16$

39 $2 \times (\quad) = 06$

40 $2 \times (\quad) = 14$

걸린 시간

_____ 분

_____ 초

2단 세로 답 쓰기

①
```
    2
×   2
─────
```

②
```
    1
×   2
─────
```

③
```
    4
×   2
─────
```

④
```
    9
×   2
─────
```

⑤
```
    7
×   2
─────
```

⑥
```
    8
×   2
─────
```

⑦
```
    6
×   2
─────
```

⑧
```
    0
×   2
─────
```

⑨
```
    5
×   2
─────
```

⑩
```
    3
×   2
─────
```

⑪
```
    0
×   2
─────
```

⑫
```
    3
×   2
─────
```

⑬
```
    1
×   2
─────
```

⑭
```
    7
×   2
─────
```

⑮
```
    9
×   2
─────
```

⑯
```
    5
×   2
─────
```

⑰
```
    2
×   2
─────
```

⑱
```
    8
×   2
─────
```

⑲
```
    6
×   2
─────
```

⑳
```
    4
×   2
─────
```

㉑
```
    6
×   2
─────
```

㉒
```
    8
×   2
─────
```

㉓
```
    1
×   2
─────
```

㉔
```
    9
×   2
─────
```

㉕
```
    3
×   2
─────
```

걸린 시간

_____ 분

_____ 초

1 □
× 2
10

2 □
× 2
14

3 □
× 2
04

4 □
× 2
16

5 □
× 2
08

6 □
× 2
00

7 □
× 2
12

8 □
× 2
02

9 □
× 2
06

10 □
× 2
18

11 □
× 2
08

12 □
× 2
14

13 □
× 2
10

14 □
× 2
18

15 □
× 2
04

16 □
× 2
02

17 □
× 2
16

18 □
× 2
00

19 □
× 2
12

20 □
× 2
06

21 □
× 2
00

22 □
× 2
04

23 □
× 2
10

24 □
× 2
14

25 □
× 2
08

걸린 시간

_____ 분

_____ 초

3거듭 더하기의 약속

> 3+3+3은 3의 세배와 같습니다.
> 3의 세배는 3 × 3이라고 씁니다.
> 3×3은 **3 곱하기 3** 이라고 읽습니다.

3씩 거듭 더하기	3단	답
① 3	3× ☐	☐
② 3+3	3× ☐	☐
③ 3+3+3	3× ☐	☐
④ 3+3+3+3	3× ☐	☐
⑤ 3+3+3+3+3	3× ☐	☐
⑥ 3+3+3+3+3+3	3× ☐	☐
⑦ 3+3+3+3+3+3+3	3× ☐	☐
⑧ 3+3+3+3+3+3+3+3	3× ☐	☐
⑨ 3+3+3+3+3+3+3+3+3	3× ☐	☐
⑩ 3+3+3+3+3+3+3+3+3+3	3× ☐	☐

걸린 시간

_____ 분

_____ 초

공부한 날   월   일

$3 \times 0 = 00$
$3 \times 1 = 03$
$3 \times 2 = 06$
$3 \times 3 = 09$
$3 \times 4 = 12$
$3 \times 5 = 15$
$3 \times 6 = 18$
$3 \times 7 = 21$
$3 \times 8 = 24$
$3 \times 9 = 27$

공부한 날   월   일

구구단 연습(1)

①	$3 \times 7 =$		㉑	$3 \times 3 =$
②	$3 \times 3 =$		㉒	$3 \times 1 =$
③	$3 \times 9 =$		㉓	$3 \times 4 =$
④	$3 \times 1 =$		㉔	$3 \times 2 =$
⑤	$3 \times 4 =$		㉕	$3 \times 6 =$
⑥	$3 \times 8 =$		㉖	$3 \times 9 =$
⑦	$3 \times 6 =$		㉗	$3 \times 0 =$
⑧	$3 \times 0 =$		㉘	$3 \times 8 =$
⑨	$3 \times 5 =$		㉙	$3 \times 7 =$
⑩	$3 \times 2 =$		㉚	$3 \times 5 =$
⑪	$3 \times 7 =$		㉛	$3 \times 9 =$
⑫	$3 \times 3 =$		㉜	$3 \times 0 =$
⑬	$3 \times 6 =$		㉝	$3 \times 3 =$
⑭	$3 \times 1 =$		㉞	$3 \times 5 =$
⑮	$3 \times 4 =$		㉟	$3 \times 7 =$
⑯	$3 \times 0 =$		㊱	$3 \times 1 =$
⑰	$3 \times 2 =$		㊲	$3 \times 4 =$
⑱	$3 \times 9 =$		㊳	$3 \times 6 =$
⑲	$3 \times 5 =$		㊴	$3 \times 8 =$
⑳	$3 \times 8 =$		㊵	$3 \times 2 =$

걸린 시간

_____ 분

_____ 초

3단 구구단 연습(2)

1 3 × 0 =

2 3 × 7 =

3 3 × 5 =

4 3 × 1 =

5 3 × 8 =

6 3 × 2 =

7 3 × 6 =

8 3 × 3 =

9 3 × 9 =

10 3 × 4 =

11 3 × 7 =

12 3 × 5 =

13 3 × 0 =

14 3 × 2 =

15 3 × 4 =

16 3 × 9 =

17 3 × 6 =

18 3 × 1 =

19 3 × 8 =

20 3 × 3 =

21 3 × 9 =

22 3 × 5 =

23 3 × 3 =

24 3 × 0 =

25 3 × 4 =

26 3 × 1 =

27 3 × 8 =

28 3 × 6 =

29 3 × 2 =

30 3 × 7 =

31 3 × 0 =

32 3 × 8 =

33 3 × 5 =

34 3 × 9 =

35 3 × 6 =

36 3 × 4 =

37 3 × 2 =

38 3 × 7 =

39 3 × 3 =

40 3 × 1 =

걸린 시간

_____분

_____초

13

구구단 괄호 넣기(1)

1. $3 \times (\quad) = 00$
2. $3 \times (\quad) = 24$
3. $3 \times (\quad) = 06$
4. $3 \times (\quad) = 18$
5. $3 \times (\quad) = 12$
6. $3 \times (\quad) = 27$
7. $3 \times (\quad) = 09$
8. $3 \times (\quad) = 21$
9. $3 \times (\quad) = 03$
10. $3 \times (\quad) = 15$
11. $3 \times (\quad) = 21$
12. $3 \times (\quad) = 15$
13. $3 \times (\quad) = 03$
14. $3 \times (\quad) = 24$
15. $3 \times (\quad) = 12$
16. $3 \times (\quad) = 18$
17. $3 \times (\quad) = 06$
18. $3 \times (\quad) = 27$
19. $3 \times (\quad) = 00$
20. $3 \times (\quad) = 09$

21. $3 \times (\quad) = 18$
22. $3 \times (\quad) = 00$
23. $3 \times (\quad) = 12$
24. $3 \times (\quad) = 21$
25. $3 \times (\quad) = 03$
26. $3 \times (\quad) = 09$
27. $3 \times (\quad) = 06$
28. $3 \times (\quad) = 24$
29. $3 \times (\quad) = 15$
30. $3 \times (\quad) = 27$
31. $3 \times (\quad) = 03$
32. $3 \times (\quad) = 00$
33. $3 \times (\quad) = 12$
34. $3 \times (\quad) = 21$
35. $3 \times (\quad) = 06$
36. $3 \times (\quad) = 27$
37. $3 \times (\quad) = 15$
38. $3 \times (\quad) = 09$
39. $3 \times (\quad) = 18$
40. $3 \times (\quad) = 24$

걸린 시간

_____ 분

_____ 초

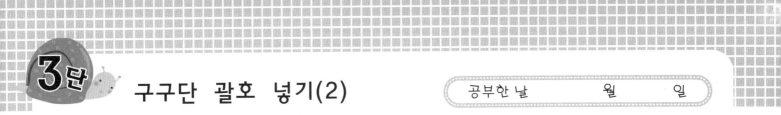

3단

구구단 괄호 넣기(2)

공부한 날   월   일

1 $3 \times (\quad) = 09$	21 $3 \times (\quad) = 03$
2 $3 \times (\quad) = 27$	22 $3 \times (\quad) = 12$
3 $3 \times (\quad) = 18$	23 $3 \times (\quad) = 21$
4 $3 \times (\quad) = 24$	24 $3 \times (\quad) = 27$
5 $3 \times (\quad) = 03$	25 $3 \times (\quad) = 18$
6 $3 \times (\quad) = 21$	26 $3 \times (\quad) = 00$
7 $3 \times (\quad) = 12$	27 $3 \times (\quad) = 09$
8 $3 \times (\quad) = 00$	28 $3 \times (\quad) = 24$
9 $3 \times (\quad) = 06$	29 $3 \times (\quad) = 15$
10 $3 \times (\quad) = 15$	30 $3 \times (\quad) = 06$
11 $3 \times (\quad) = 24$	31 $3 \times (\quad) = 12$
12 $3 \times (\quad) = 03$	32 $3 \times (\quad) = 27$
13 $3 \times (\quad) = 21$	33 $3 \times (\quad) = 09$
14 $3 \times (\quad) = 27$	34 $3 \times (\quad) = 18$
15 $3 \times (\quad) = 00$	35 $3 \times (\quad) = 24$
16 $3 \times (\quad) = 18$	36 $3 \times (\quad) = 00$
17 $3 \times (\quad) = 06$	37 $3 \times (\quad) = 15$
18 $3 \times (\quad) = 12$	38 $3 \times (\quad) = 06$
19 $3 \times (\quad) = 09$	39 $3 \times (\quad) = 21$
20 $3 \times (\quad) = 15$	40 $3 \times (\quad) = 03$

걸린 시간

_____분

_____초

3단

세로 답 쓰기

1
$$\begin{array}{r} 0 \\ \times\ 3 \\ \hline \end{array}$$

2
$$\begin{array}{r} 6 \\ \times\ 3 \\ \hline \end{array}$$

3
$$\begin{array}{r} 2 \\ \times\ 3 \\ \hline \end{array}$$

4
$$\begin{array}{r} 7 \\ \times\ 3 \\ \hline \end{array}$$

5
$$\begin{array}{r} 1 \\ \times\ 3 \\ \hline \end{array}$$

6
$$\begin{array}{r} 5 \\ \times\ 3 \\ \hline \end{array}$$

7
$$\begin{array}{r} 3 \\ \times\ 3 \\ \hline \end{array}$$

8
$$\begin{array}{r} 8 \\ \times\ 3 \\ \hline \end{array}$$

9
$$\begin{array}{r} 4 \\ \times\ 3 \\ \hline \end{array}$$

10
$$\begin{array}{r} 9 \\ \times\ 3 \\ \hline \end{array}$$

11
$$\begin{array}{r} 1 \\ \times\ 3 \\ \hline \end{array}$$

12
$$\begin{array}{r} 7 \\ \times\ 3 \\ \hline \end{array}$$

13
$$\begin{array}{r} 2 \\ \times\ 3 \\ \hline \end{array}$$

14
$$\begin{array}{r} 6 \\ \times\ 3 \\ \hline \end{array}$$

15
$$\begin{array}{r} 0 \\ \times\ 3 \\ \hline \end{array}$$

16
$$\begin{array}{r} 9 \\ \times\ 3 \\ \hline \end{array}$$

17
$$\begin{array}{r} 5 \\ \times\ 3 \\ \hline \end{array}$$

18
$$\begin{array}{r} 4 \\ \times\ 3 \\ \hline \end{array}$$

19
$$\begin{array}{r} 8 \\ \times\ 3 \\ \hline \end{array}$$

20
$$\begin{array}{r} 3 \\ \times\ 3 \\ \hline \end{array}$$

21
$$\begin{array}{r} 6 \\ \times\ 3 \\ \hline \end{array}$$

22
$$\begin{array}{r} 1 \\ \times\ 3 \\ \hline \end{array}$$

23
$$\begin{array}{r} 7 \\ \times\ 3 \\ \hline \end{array}$$

24
$$\begin{array}{r} 2 \\ \times\ 3 \\ \hline \end{array}$$

25
$$\begin{array}{r} 9 \\ \times\ 3 \\ \hline \end{array}$$

걸린 시간

_____ 분

_____ 초

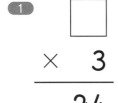

3단

□ 안에 답쓰기

공부한 날   월   일

1. $\boxed{} \times 3 = 24$

2. $\boxed{} \times 3 = 15$

3. $\boxed{} \times 3 = 06$

4. $\boxed{} \times 3 = 21$

5. $\boxed{} \times 3 = 12$

6. $\boxed{} \times 3 = 18$

7. $\boxed{} \times 3 = 03$

8. $\boxed{} \times 3 = 09$

9. $\boxed{} \times 3 = 27$

10. $\boxed{} \times 3 = 00$

11. $\boxed{} \times 3 = 06$

12. $\boxed{} \times 3 = 24$

13. $\boxed{} \times 3 = 15$

14. $\boxed{} \times 3 = 21$

15. $\boxed{} \times 3 = 12$

16. $\boxed{} \times 3 = 00$

17. $\boxed{} \times 3 = 03$

18. $\boxed{} \times 3 = 27$

19. $\boxed{} \times 3 = 18$

20. $\boxed{} \times 3 = 09$

21. $\boxed{} \times 3 = 24$

22. $\boxed{} \times 3 = 15$

23. $\boxed{} \times 3 = 09$

24. $\boxed{} \times 3 = 00$

25. $\boxed{} \times 3 = 12$

걸린 시간

_____ 분

_____ 초

4단

4거듭 더하기의 약속

4+4+4+4는 4의 네배와 같습니다.

4의 네배는 4 × 4라고 씁니다.

4×4는 **4 곱하기 4** 라고 읽습니다.

4씩 거듭 더하기	4단	답
① 4	4 × ☐	☐
② 4 + 4	4 × ☐	☐
③ 4 + 4 + 4	4 × ☐	☐
④ 4 + 4 + 4 + 4	4 × ☐	☐
⑤ 4 + 4 + 4 + 4 + 4	4 × ☐	☐
⑥ 4 + 4 + 4 + 4 + 4 + 4	4 × ☐	☐
⑦ 4 + 4 + 4 + 4 + 4 + 4 + 4	4 × ☐	☐
⑧ 4 + 4 + 4 + 4 + 4 + 4 + 4 + 4	4 × ☐	☐
⑨ 4 + 4 + 4 + 4 + 4 + 4 + 4 + 4 + 4	4 × ☐	☐
⑩ 4 + 4 + 4 + 4 + 4 + 4 + 4 + 4 + 4 + 4	4 × ☐	☐

걸린 시간

_____ 분

_____ 초

공부한 날   월   일

$4 \times 0 = 00$
$4 \times 1 = 04$
$4 \times 2 = 08$
$4 \times 3 = 12$
$4 \times 4 = 16$
$4 \times 5 = 20$
$4 \times 6 = 24$
$4 \times 7 = 28$
$4 \times 8 = 32$
$4 \times 9 = 36$

공부한 날   월   일

4단

구구단 연습(1)

1. $4 \times 7 =$
2. $4 \times 1 =$
3. $4 \times 5 =$
4. $4 \times 3 =$
5. $4 \times 8 =$
6. $4 \times 2 =$
7. $4 \times 6 =$
8. $4 \times 0 =$
9. $4 \times 4 =$
10. $4 \times 9 =$
11. $4 \times 0 =$
12. $4 \times 3 =$
13. $4 \times 9 =$
14. $4 \times 6 =$
15. $4 \times 2 =$
16. $4 \times 1 =$
17. $4 \times 8 =$
18. $4 \times 4 =$
19. $4 \times 7 =$
20. $4 \times 5 =$

21. $4 \times 9 =$
22. $4 \times 4 =$
23. $4 \times 6 =$
24. $4 \times 1 =$
25. $4 \times 3 =$
26. $4 \times 5 =$
27. $4 \times 8 =$
28. $4 \times 2 =$
29. $4 \times 7 =$
30. $4 \times 0 =$
31. $4 \times 7 =$
32. $4 \times 9 =$
33. $4 \times 6 =$
34. $4 \times 1 =$
35. $4 \times 5 =$
36. $4 \times 3 =$
37. $4 \times 0 =$
38. $4 \times 8 =$
39. $4 \times 2 =$
40. $4 \times 4 =$

걸린 시간

_____ 분

_____ 초

4단 구구단 연습(2)

1 4 × 1 =
2 4 × 9 =
3 4 × 3 =
4 4 × 6 =
5 4 × 4 =
6 4 × 8 =
7 4 × 0 =
8 4 × 5 =
9 4 × 7 =
10 4 × 2 =
11 4 × 8 =
12 4 × 3 =
13 4 × 1 =
14 4 × 7 =
15 4 × 0 =
16 4 × 6 =
17 4 × 4 =
18 4 × 2 =
19 4 × 5 =
20 4 × 9 =

21 4 × 8 =
22 4 × 6 =
23 4 × 1 =
24 4 × 0 =
25 4 × 9 =
26 4 × 4 =
27 4 × 5 =
28 4 × 2 =
29 4 × 3 =
30 4 × 7 =
31 4 × 0 =
32 4 × 8 =
33 4 × 4 =
34 4 × 5 =
35 4 × 9 =
36 4 × 1 =
37 4 × 7 =
38 4 × 3 =
39 4 × 6 =
40 4 × 2 =

걸린 시간

_____분

_____초

구구단 괄호 넣기(1)

1   $4 \times (\quad) = 32$
2   $4 \times (\quad) = 28$
3   $4 \times (\quad) = 08$
4   $4 \times (\quad) = 16$
5   $4 \times (\quad) = 36$
6   $4 \times (\quad) = 20$
7   $4 \times (\quad) = 12$
8   $4 \times (\quad) = 04$
9   $4 \times (\quad) = 00$
10   $4 \times (\quad) = 24$
11   $4 \times (\quad) = 32$
12   $4 \times (\quad) = 00$
13   $4 \times (\quad) = 16$
14   $4 \times (\quad) = 24$
15   $4 \times (\quad) = 36$
16   $4 \times (\quad) = 12$
17   $4 \times (\quad) = 04$
18   $4 \times (\quad) = 20$
19   $4 \times (\quad) = 28$
20   $4 \times (\quad) = 08$

21   $4 \times (\quad) = 24$
22   $4 \times (\quad) = 12$
23   $4 \times (\quad) = 04$
24   $4 \times (\quad) = 08$
25   $4 \times (\quad) = 00$
26   $4 \times (\quad) = 16$
27   $4 \times (\quad) = 28$
28   $4 \times (\quad) = 20$
29   $4 \times (\quad) = 32$
30   $4 \times (\quad) = 36$
31   $4 \times (\quad) = 04$
32   $4 \times (\quad) = 28$
33   $4 \times (\quad) = 32$
34   $4 \times (\quad) = 16$
35   $4 \times (\quad) = 08$
36   $4 \times (\quad) = 20$
37   $4 \times (\quad) = 12$
38   $4 \times (\quad) = 36$
39   $4 \times (\quad) = 00$
40   $4 \times (\quad) = 24$

걸린 시간

_____분

_____초

1. $4 \times ($ $) = 12$
2. $4 \times ($ $) = 20$
3. $4 \times ($ $) = 00$
4. $4 \times ($ $) = 08$
5. $4 \times ($ $) = 28$
6. $4 \times ($ $) = 04$
7. $4 \times ($ $) = 32$
8. $4 \times ($ $) = 16$
9. $4 \times ($ $) = 24$
10. $4 \times ($ $) = 36$
11. $4 \times ($ $) = 00$
12. $4 \times ($ $) = 12$
13. $4 \times ($ $) = 20$
14. $4 \times ($ $) = 32$
15. $4 \times ($ $) = 04$
16. $4 \times ($ $) = 24$
17. $4 \times ($ $) = 36$
18. $4 \times ($ $) = 08$
19. $4 \times ($ $) = 16$
20. $4 \times ($ $) = 28$

21. $4 \times ($ $) = 24$
22. $4 \times ($ $) = 16$
23. $4 \times ($ $) = 32$
24. $4 \times ($ $) = 20$
25. $4 \times ($ $) = 36$
26. $4 \times ($ $) = 28$
27. $4 \times ($ $) = 04$
28. $4 \times ($ $) = 12$
29. $4 \times ($ $) = 00$
30. $4 \times ($ $) = 08$
31. $4 \times ($ $) = 16$
32. $4 \times ($ $) = 24$
33. $4 \times ($ $) = 04$
34. $4 \times ($ $) = 36$
35. $4 \times ($ $) = 12$
36. $4 \times ($ $) = 08$
37. $4 \times ($ $) = 00$
38. $4 \times ($ $) = 28$
39. $4 \times ($ $) = 20$
40. $4 \times ($ $) = 32$

걸린 시간

_____분

_____초

4단

세로 답 쓰기

1.
$$\begin{array}{r} 7 \\ \times\ 4 \\ \hline \end{array}$$

2.
$$\begin{array}{r} 1 \\ \times\ 4 \\ \hline \end{array}$$

3.
$$\begin{array}{r} 6 \\ \times\ 4 \\ \hline \end{array}$$

4.
$$\begin{array}{r} 3 \\ \times\ 4 \\ \hline \end{array}$$

5.
$$\begin{array}{r} 9 \\ \times\ 4 \\ \hline \end{array}$$

6.
$$\begin{array}{r} 2 \\ \times\ 4 \\ \hline \end{array}$$

7.
$$\begin{array}{r} 5 \\ \times\ 4 \\ \hline \end{array}$$

8.
$$\begin{array}{r} 0 \\ \times\ 4 \\ \hline \end{array}$$

9.
$$\begin{array}{r} 8 \\ \times\ 4 \\ \hline \end{array}$$

10.
$$\begin{array}{r} 4 \\ \times\ 4 \\ \hline \end{array}$$

11.
$$\begin{array}{r} 1 \\ \times\ 4 \\ \hline \end{array}$$

12.
$$\begin{array}{r} 3 \\ \times\ 4 \\ \hline \end{array}$$

13.
$$\begin{array}{r} 9 \\ \times\ 4 \\ \hline \end{array}$$

14.
$$\begin{array}{r} 7 \\ \times\ 4 \\ \hline \end{array}$$

15.
$$\begin{array}{r} 0 \\ \times\ 4 \\ \hline \end{array}$$

16.
$$\begin{array}{r} 8 \\ \times\ 4 \\ \hline \end{array}$$

17.
$$\begin{array}{r} 5 \\ \times\ 4 \\ \hline \end{array}$$

18.
$$\begin{array}{r} 2 \\ \times\ 4 \\ \hline \end{array}$$

19.
$$\begin{array}{r} 4 \\ \times\ 4 \\ \hline \end{array}$$

20.
$$\begin{array}{r} 6 \\ \times\ 4 \\ \hline \end{array}$$

21.
$$\begin{array}{r} 9 \\ \times\ 4 \\ \hline \end{array}$$

22.
$$\begin{array}{r} 6 \\ \times\ 4 \\ \hline \end{array}$$

23.
$$\begin{array}{r} 1 \\ \times\ 4 \\ \hline \end{array}$$

24.
$$\begin{array}{r} 3 \\ \times\ 4 \\ \hline \end{array}$$

25.
$$\begin{array}{r} 8 \\ \times\ 4 \\ \hline \end{array}$$

걸린 시간

_____ 분

_____ 초

□ 안에 답쓰기

1 □ × 4 = 08

2 □ × 4 = 04

3 □ × 4 = 28

4 □ × 4 = 20

5 □ × 4 = 32

6 □ × 4 = 24

7 □ × 4 = 36

8 □ × 4 = 16

9 □ × 4 = 00

10 □ × 4 = 12

11 □ × 4 = 20

12 □ × 4 = 32

13 □ × 4 = 04

14 □ × 4 = 28

15 □ × 4 = 08

16 □ × 4 = 00

17 □ × 4 = 36

18 □ × 4 = 16

19 □ × 4 = 24

20 □ × 4 = 12

21 □ × 4 = 16

22 □ × 4 = 28

23 □ × 4 = 08

24 □ × 4 = 20

25 □ × 4 = 00

걸린 시간

_____ 분

_____ 초

5거듭 더하기의 약속

> 5+5+5+5+5는 5의 다섯배와 같습니다.
> 5의 다섯배는 5 × 5라고 씁니다.
> 5×5는 **5 곱하기 5** 라고 읽습니다.

5씩 거듭 더하기	5단	답
❶ 5	5 × ☐	☐
❷ 5+5	5 × ☐	☐
❸ 5+5+5	5 × ☐	☐
❹ 5+5+5+5	5 × ☐	☐
❺ 5+5+5+5+5	5 × ☐	☐
❻ 5+5+5+5+5+5	5 × ☐	☐
❼ 5+5+5+5+5+5+5	5 × ☐	☐
❽ 5+5+5+5+5+5+5+5	5 × ☐	☐
❾ 5+5+5+5+5+5+5+5+5	5 × ☐	☐
❿ 5+5+5+5+5+5+5+5+5+5	5 × ☐	☐

걸린 시간

_____ 분

_____ 초

26

5단

구구단 쓰기 연습

공부한 날   월   일

5 × 0 = 00
5 × 1 = 05
5 × 2 = 10
5 × 3 = 15
5 × 4 = 20
5 × 5 = 25
5 × 6 = 30
5 × 7 = 35
5 × 8 = 40
5 × 9 = 45

공부한 날   월   일

구구단 연습(1)

1. $5 \times 4 =$
2. $5 \times 8 =$
3. $5 \times 2 =$
4. $5 \times 7 =$
5. $5 \times 0 =$
6. $5 \times 5 =$
7. $5 \times 6 =$
8. $5 \times 3 =$
9. $5 \times 1 =$
10. $5 \times 9 =$
11. $5 \times 2 =$
12. $5 \times 7 =$
13. $5 \times 1 =$
14. $5 \times 6 =$
15. $5 \times 4 =$
16. $5 \times 0 =$
17. $5 \times 5 =$
18. $5 \times 9 =$
19. $5 \times 3 =$
20. $5 \times 8 =$

21. $5 \times 5 =$
22. $5 \times 9 =$
23. $5 \times 6 =$
24. $5 \times 3 =$
25. $5 \times 8 =$
26. $5 \times 2 =$
27. $5 \times 7 =$
28. $5 \times 0 =$
29. $5 \times 4 =$
30. $5 \times 1 =$
31. $5 \times 6 =$
32. $5 \times 3 =$
33. $5 \times 8 =$
34. $5 \times 0 =$
35. $5 \times 9 =$
36. $5 \times 4 =$
37. $5 \times 1 =$
38. $5 \times 7 =$
39. $5 \times 2 =$
40. $5 \times 5 =$

걸린 시간

_____ 분

_____ 초

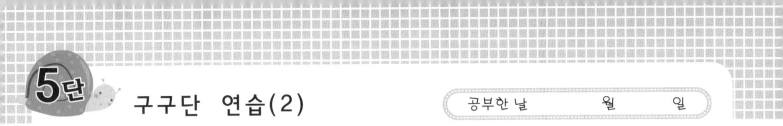

5단

구구단 연습(2)

1. $5 \times 4 =$
2. $5 \times 1 =$
3. $5 \times 7 =$
4. $5 \times 5 =$
5. $5 \times 8 =$
6. $5 \times 3 =$
7. $5 \times 0 =$
8. $5 \times 6 =$
9. $5 \times 2 =$
10. $5 \times 9 =$
11. $5 \times 1 =$
12. $5 \times 4 =$
13. $5 \times 7 =$
14. $5 \times 2 =$
15. $5 \times 5 =$
16. $5 \times 0 =$
17. $5 \times 8 =$
18. $5 \times 6 =$
19. $5 \times 3 =$
20. $5 \times 9 =$

21. $5 \times 6 =$
22. $5 \times 2 =$
23. $5 \times 8 =$
24. $5 \times 0 =$
25. $5 \times 4 =$
26. $5 \times 9 =$
27. $5 \times 7 =$
28. $5 \times 3 =$
29. $5 \times 5 =$
30. $5 \times 1 =$
31. $5 \times 8 =$
32. $5 \times 6 =$
33. $5 \times 1 =$
34. $5 \times 9 =$
35. $5 \times 3 =$
36. $5 \times 7 =$
37. $5 \times 5 =$
38. $5 \times 0 =$
39. $5 \times 2 =$
40. $5 \times 4 =$

걸린 시간

_____분

_____초

구구단 괄호 넣기(1)

1. $5 \times (\quad) = 25$
2. $5 \times (\quad) = 05$
3. $5 \times (\quad) = 15$
4. $5 \times (\quad) = 35$
5. $5 \times (\quad) = 20$
6. $5 \times (\quad) = 00$
7. $5 \times (\quad) = 45$
8. $5 \times (\quad) = 10$
9. $5 \times (\quad) = 40$
10. $5 \times (\quad) = 30$
11. $5 \times (\quad) = 05$
12. $5 \times (\quad) = 30$
13. $5 \times (\quad) = 20$
14. $5 \times (\quad) = 10$
15. $5 \times (\quad) = 45$
16. $5 \times (\quad) = 00$
17. $5 \times (\quad) = 35$
18. $5 \times (\quad) = 25$
19. $5 \times (\quad) = 15$
20. $5 \times (\quad) = 40$

21. $5 \times (\quad) = 10$
22. $5 \times (\quad) = 45$
23. $5 \times (\quad) = 35$
24. $5 \times (\quad) = 00$
25. $5 \times (\quad) = 15$
26. $5 \times (\quad) = 30$
27. $5 \times (\quad) = 05$
28. $5 \times (\quad) = 25$
29. $5 \times (\quad) = 20$
30. $5 \times (\quad) = 40$
31. $5 \times (\quad) = 15$
32. $5 \times (\quad) = 35$
33. $5 \times (\quad) = 10$
34. $5 \times (\quad) = 00$
35. $5 \times (\quad) = 25$
36. $5 \times (\quad) = 40$
37. $5 \times (\quad) = 20$
38. $5 \times (\quad) = 45$
39. $5 \times (\quad) = 30$
40. $5 \times (\quad) = 05$

걸린 시간

_____ 분

_____ 초

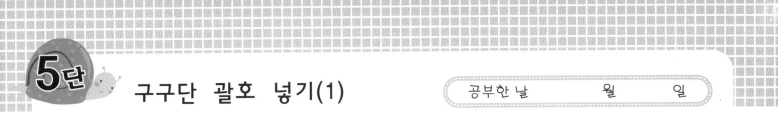
1 $5 \times ($ $) = 10$

2 $5 \times ($ $) = 35$

3 $5 \times ($ $) = 20$

4 $5 \times ($ $) = 05$

5 $5 \times ($ $) = 25$

6 $5 \times ($ $) = 45$

7 $5 \times ($ $) = 30$

8 $5 \times ($ $) = 15$

9 $5 \times ($ $) = 00$

10 $5 \times ($ $) = 40$

11 $5 \times ($ $) = 05$

12 $5 \times ($ $) = 20$

13 $5 \times ($ $) = 30$

14 $5 \times ($ $) = 00$

15 $5 \times ($ $) = 45$

16 $5 \times ($ $) = 25$

17 $5 \times ($ $) = 15$

18 $5 \times ($ $) = 35$

19 $5 \times ($ $) = 10$

20 $5 \times ($ $) = 40$

21 $5 \times ($ $) = 45$

22 $5 \times ($ $) = 05$

23 $5 \times ($ $) = 30$

24 $5 \times ($ $) = 15$

25 $5 \times ($ $) = 00$

26 $5 \times ($ $) = 35$

27 $5 \times ($ $) = 20$

28 $5 \times ($ $) = 10$

29 $5 \times ($ $) = 40$

30 $5 \times ($ $) = 25$

31 $5 \times ($ $) = 00$

32 $5 \times ($ $) = 35$

33 $5 \times ($ $) = 15$

34 $5 \times ($ $) = 20$

35 $5 \times ($ $) = 05$

36 $5 \times ($ $) = 45$

37 $5 \times ($ $) = 10$

38 $5 \times ($ $) = 25$

39 $5 \times ($ $) = 40$

40 $5 \times ($ $) = 30$

걸린 시간

_____분

_____초

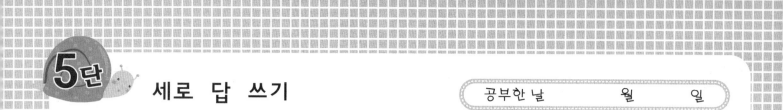

5단 세로 답 쓰기

1
```
    0
×   5
────
```

2
```
    9
×   5
────
```

3
```
    7
×   5
────
```

4
```
    1
×   5
────
```

5
```
    3
×   5
────
```

6
```
    4
×   5
────
```

7
```
    6
×   5
────
```

8
```
    2
×   5
────
```

9
```
    8
×   5
────
```

10
```
    5
×   5
────
```

11
```
    1
×   5
────
```

12
```
    7
×   5
────
```

13
```
    9
×   5
────
```

14
```
    3
×   5
────
```

15
```
    0
×   5
────
```

16
```
    5
×   5
────
```

17
```
    2
×   5
────
```

18
```
    4
×   5
────
```

19
```
    8
×   5
────
```

20
```
    6
×   5
────
```

21
```
    1
×   5
────
```

22
```
    3
×   5
────
```

23
```
    7
×   5
────
```

24
```
    0
×   5
────
```

25
```
    9
×   5
────
```

걸린 시간

_____ 분

_____ 초

□ 안에 답쓰기

1
```
   □
×  5
  25
```

2
```
   □
×  5
  45
```

3
```
   □
×  5
  20
```

4
```
   □
×  5
  40
```

5
```
   □
×  5
  15
```

6
```
   □
×  5
  05
```

7
```
   □
×  5
  30
```

8
```
   □
×  5
  00
```

9
```
   □
×  5
  10
```

10
```
   □
×  5
  35
```

11
```
   □
×  5
  40
```

12
```
   □
×  5
  15
```

13
```
   □
×  5
  45
```

14
```
   □
×  5
  20
```

15
```
   □
×  5
  10
```

16
```
   □
×  5
  35
```

17
```
   □
×  5
  00
```

18
```
   □
×  5
  30
```

19
```
   □
×  5
  05
```

20
```
   □
×  5
  25
```

21
```
   □
×  5
  25
```

22
```
   □
×  5
  10
```

23
```
   □
×  5
  30
```

24
```
   □
×  5
  40
```

25
```
   □
×  5
  20
```

걸린 시간

_____ 분

_____ 초

6거듭 더하기의 약속

6+6+6+6+6+6는 6의 여섯배와 같습니다.

6의 여섯배는 6×6이라고 씁니다.

6×6은 **6 곱하기 6** 이라고 읽습니다.

6씩 거듭 더하기	6단	답
❶ 6	6× ☐	☐
❷ 6+6	6× ☐	☐
❸ 6+6+6	6× ☐	☐
❹ 6+6+6+6	6× ☐	☐
❺ 6+6+6+6+6	6× ☐	☐
❻ 6+6+6+6+6+6	6× ☐	☐
❼ 6+6+6+6+6+6+6	6× ☐	☐
❽ 6+6+6+6+6+6+6+6	6× ☐	☐
❾ 6+6+6+6+6+6+6+6+6	6× ☐	☐
❿ 6+6+6+6+6+6+6+6+6+6	6× ☐	☐

걸린 시간

_____ 분

_____ 초

구구단 쓰기 연습

공부한 날   월   일

$6 \times 0 = 00$
$6 \times 1 = 06$
$6 \times 2 = 12$
$6 \times 3 = 18$
$6 \times 4 = 24$
$6 \times 5 = 30$
$6 \times 6 = 36$
$6 \times 7 = 42$
$6 \times 8 = 48$
$6 \times 9 = 54$

공부한 날   월   일

구구단 연습(1)

1   $6 \times 0 =$
2   $6 \times 6 =$
3   $6 \times 2 =$
4   $6 \times 9 =$
5   $6 \times 7 =$
6   $6 \times 5 =$
7   $6 \times 1 =$
8   $6 \times 4 =$
9   $6 \times 8 =$
10 $6 \times 3 =$
11 $6 \times 1 =$
12 $6 \times 4 =$
13 $6 \times 0 =$
14 $6 \times 9 =$
15 $6 \times 7 =$
16 $6 \times 5 =$
17 $6 \times 8 =$
18 $6 \times 3 =$
19 $6 \times 6 =$
20 $6 \times 2 =$

21 $6 \times 1 =$
22 $6 \times 7 =$
23 $6 \times 5 =$
24 $6 \times 2 =$
25 $6 \times 4 =$
26 $6 \times 9 =$
27 $6 \times 8 =$
28 $6 \times 0 =$
29 $6 \times 3 =$
30 $6 \times 6 =$
31 $6 \times 9 =$
32 $6 \times 2 =$
33 $6 \times 3 =$
34 $6 \times 8 =$
35 $6 \times 4 =$
36 $6 \times 1 =$
37 $6 \times 6 =$
38 $6 \times 0 =$
39 $6 \times 5 =$
40 $6 \times 7 =$

걸린 시간

_____ 분

_____ 초

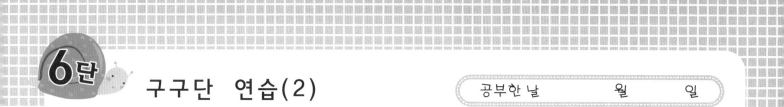

구구단 연습(2)

1   $6 \times 3 =$

2   $6 \times 5 =$

3   $6 \times 1 =$

4   $6 \times 9 =$

5   $6 \times 6 =$

6   $6 \times 8 =$

7   $6 \times 0 =$

8   $6 \times 2 =$

9   $6 \times 4 =$

10 $6 \times 7 =$

11 $6 \times 1 =$

12 $6 \times 6 =$

13 $6 \times 4 =$

14 $6 \times 2 =$

15 $6 \times 9 =$

16 $6 \times 5 =$

17 $6 \times 0 =$

18 $6 \times 8 =$

19 $6 \times 3 =$

20 $6 \times 7 =$

21 $6 \times 0 =$

22 $6 \times 8 =$

23 $6 \times 3 =$

24 $6 \times 7 =$

25 $6 \times 2 =$

26 $6 \times 6 =$

27 $6 \times 1 =$

28 $6 \times 4 =$

29 $6 \times 9 =$

30 $6 \times 5 =$

31 $6 \times 0 =$

32 $6 \times 3 =$

33 $6 \times 8 =$

34 $6 \times 4 =$

35 $6 \times 7 =$

36 $6 \times 1 =$

37 $6 \times 2 =$

38 $6 \times 5 =$

39 $6 \times 9 =$

40 $6 \times 6 =$

걸린 시간

_____분

_____초

6단 구구단 괄호 넣기(1)

1 6 × (   ) = 30

2 6 × (   ) = 06

3 6 × (   ) = 54

4 6 × (   ) = 18

5 6 × (   ) = 42

6 6 × (   ) = 00

7 6 × (   ) = 36

8 6 × (   ) = 24

9 6 × (   ) = 48

10 6 × (   ) = 12

11 6 × (   ) = 48

12 6 × (   ) = 24

13 6 × (   ) = 06

14 6 × (   ) = 36

15 6 × (   ) = 30

16 6 × (   ) = 00

17 6 × (   ) = 42

18 6 × (   ) = 18

19 6 × (   ) = 54

20 6 × (   ) = 12

21 6 × (   ) = 06

22 6 × (   ) = 42

23 6 × (   ) = 12

24 6 × (   ) = 30

25 6 × (   ) = 24

26 6 × (   ) = 36

27 6 × (   ) = 48

28 6 × (   ) = 18

29 6 × (   ) = 54

30 6 × (   ) = 00

31 6 × (   ) = 06

32 6 × (   ) = 36

33 6 × (   ) = 12

34 6 × (   ) = 18

35 6 × (   ) = 54

36 6 × (   ) = 42

37 6 × (   ) = 30

38 6 × (   ) = 48

39 6 × (   ) = 00

40 6 × (   ) = 24

걸린 시간

_____ 분

_____ 초

6단

구구단 괄호 넣기(2)

1. $6 \times (\quad) = 54$
2. $6 \times (\quad) = 18$
3. $6 \times (\quad) = 42$
4. $6 \times (\quad) = 00$
5. $6 \times (\quad) = 24$
6. $6 \times (\quad) = 36$
7. $6 \times (\quad) = 12$
8. $6 \times (\quad) = 30$
9. $6 \times (\quad) = 48$
10. $6 \times (\quad) = 06$
11. $6 \times (\quad) = 36$
12. $6 \times (\quad) = 00$
13. $6 \times (\quad) = 12$
14. $6 \times (\quad) = 42$
15. $6 \times (\quad) = 30$
16. $6 \times (\quad) = 54$
17. $6 \times (\quad) = 18$
18. $6 \times (\quad) = 48$
19. $6 \times (\quad) = 06$
20. $6 \times (\quad) = 24$
21. $6 \times (\quad) = 36$
22. $6 \times (\quad) = 06$
23. $6 \times (\quad) = 30$
24. $6 \times (\quad) = 54$
25. $6 \times (\quad) = 18$
26. $6 \times (\quad) = 48$
27. $6 \times (\quad) = 24$
28. $6 \times (\quad) = 12$
29. $6 \times (\quad) = 42$
30. $6 \times (\quad) = 00$
31. $6 \times (\quad) = 54$
32. $6 \times (\quad) = 42$
33. $6 \times (\quad) = 18$
34. $6 \times (\quad) = 30$
35. $6 \times (\quad) = 48$
36. $6 \times (\quad) = 36$
37. $6 \times (\quad) = 06$
38. $6 \times (\quad) = 24$
39. $6 \times (\quad) = 00$
40. $6 \times (\quad) = 12$

걸린 시간

_____분

_____초

6단

세로 답 쓰기

1
```
    0
×   6
─────
```

2
```
    3
×   6
─────
```

3
```
    7
×   6
─────
```

4
```
    1
×   6
─────
```

5
```
    4
×   6
─────
```

6
```
    2
×   6
─────
```

7
```
    6
×   6
─────
```

8
```
    9
×   6
─────
```

9
```
    5
×   6
─────
```

10
```
    8
×   6
─────
```

11
```
    1
×   6
─────
```

12
```
    4
×   6
─────
```

13
```
    0
×   6
─────
```

14
```
    7
×   6
─────
```

15
```
    3
×   6
─────
```

16
```
    8
×   6
─────
```

17
```
    2
×   6
─────
```

18
```
    9
×   6
─────
```

19
```
    6
×   6
─────
```

20
```
    5
×   6
─────
```

21
```
    4
×   6
─────
```

22
```
    5
×   6
─────
```

23
```
    0
×   6
─────
```

24
```
    7
×   6
─────
```

25
```
    1
×   6
─────
```

걸린 시간

_____ 분

_____ 초

□ 안에 답쓰기

공부한 날   월   일

1
□
× 6
―――
12

2
□
× 6
―――
36

3
□
× 6
―――
18

4
□
× 6
―――
00

5
□
× 6
―――
42

6
□
× 6
―――
48

7
□
× 6
―――
24

8
□
× 6
―――
06

9
□
× 6
―――
54

10
□
× 6
―――
30

11
□
× 6
―――
36

12
□
× 6
―――
12

13
□
× 6
―――
42

14
□
× 6
―――
18

15
□
× 6
―――
54

16
□
× 6
―――
06

17
□
× 6
―――
30

18
□
× 6
―――
48

19
□
× 6
―――
00

20
□
× 6
―――
24

21
□
× 6
―――
48

22
□
× 6
―――
18

23
□
× 6
―――
42

24
□
× 6
―――
54

25
□
× 6
―――
36

걸린 시간

_____분

_____초

7단

7거듭 더하기의 약속

공부한 날   월   일

7+7+7+7+7+7+7은 7의 일곱배와 같습니다.

7의 일곱배는 7×7이라고 씁니다.

7×7은 **7 곱하기 7** 이라고 읽습니다.

7씩 거듭 더하기	7단	답
❶ 7	7×	
❷ 7+7	7×	
❸ 7+7+7	7×	
❹ 7+7+7+7	7×	
❺ 7+7+7+7+7	7×	
❻ 7+7+7+7+7+7	7×	
❼ 7+7+7+7+7+7+7	7×	
❽ 7+7+7+7+7+7+7+7	7×	
❾ 7+7+7+7+7+7+7+7+7	7×	
❿ 7+7+7+7+7+7+7+7+7+7	7×	

걸린 시간

_____ 분

_____ 초

$7 \times 0 = 00$
$7 \times 1 = 07$
$7 \times 2 = 14$
$7 \times 3 = 21$
$7 \times 4 = 28$
$7 \times 5 = 35$
$7 \times 6 = 42$
$7 \times 7 = 49$
$7 \times 8 = 56$
$7 \times 9 = 63$

구구단 연습(1)

1 $7 \times 0 =$

2 $7 \times 6 =$

3 $7 \times 2 =$

4 $7 \times 9 =$

5 $7 \times 3 =$

6 $7 \times 5 =$

7 $7 \times 1 =$

8 $7 \times 7 =$

9 $7 \times 4 =$

10 $7 \times 8 =$

11 $7 \times 5 =$

12 $7 \times 3 =$

13 $7 \times 1 =$

14 $7 \times 4 =$

15 $7 \times 9 =$

16 $7 \times 6 =$

17 $7 \times 2 =$

18 $7 \times 7 =$

19 $7 \times 0 =$

20 $7 \times 8 =$

21 $7 \times 6 =$

22 $7 \times 3 =$

23 $7 \times 7 =$

24 $7 \times 0 =$

25 $7 \times 5 =$

26 $7 \times 9 =$

27 $7 \times 4 =$

28 $7 \times 2 =$

29 $7 \times 8 =$

30 $7 \times 1 =$

31 $7 \times 6 =$

32 $7 \times 8 =$

33 $7 \times 3 =$

34 $7 \times 1 =$

35 $7 \times 5 =$

36 $7 \times 7 =$

37 $7 \times 4 =$

38 $7 \times 0 =$

39 $7 \times 9 =$

40 $7 \times 2 =$

걸린 시간

_____ 분

_____ 초

구구단 연습(2)

공부한 날   월   일

1 $7 \times 5 =$
2 $7 \times 8 =$
3 $7 \times 3 =$
4 $7 \times 0 =$
5 $7 \times 6 =$
6 $7 \times 4 =$
7 $7 \times 2 =$
8 $7 \times 7 =$
9 $7 \times 1 =$
10 $7 \times 9 =$
11 $7 \times 6 =$
12 $7 \times 3 =$
13 $7 \times 1 =$
14 $7 \times 8 =$
15 $7 \times 4 =$
16 $7 \times 9 =$
17 $7 \times 2 =$
18 $7 \times 7 =$
19 $7 \times 0 =$
20 $7 \times 5 =$

21 $7 \times 0 =$
22 $7 \times 4 =$
23 $7 \times 7 =$
24 $7 \times 5 =$
25 $7 \times 9 =$
26 $7 \times 1 =$
27 $7 \times 3 =$
28 $7 \times 8 =$
29 $7 \times 6 =$
30 $7 \times 2 =$
31 $7 \times 1 =$
32 $7 \times 9 =$
33 $7 \times 5 =$
34 $7 \times 3 =$
35 $7 \times 6 =$
36 $7 \times 0 =$
37 $7 \times 8 =$
38 $7 \times 4 =$
39 $7 \times 2 =$
40 $7 \times 7 =$

걸린 시간

_____분

_____초

구구단 괄호 넣기(1)

1 $7 \times (\quad) = 35$

2 $7 \times (\quad) = 07$

3 $7 \times (\quad) = 49$

4 $7 \times (\quad) = 21$

5 $7 \times (\quad) = 63$

6 $7 \times (\quad) = 00$

7 $7 \times (\quad) = 42$

8 $7 \times (\quad) = 14$

9 $7 \times (\quad) = 56$

10 $7 \times (\quad) = 28$

11 $7 \times (\quad) = 07$

12 $7 \times (\quad) = 21$

13 $7 \times (\quad) = 49$

14 $7 \times (\quad) = 35$

15 $7 \times (\quad) = 14$

16 $7 \times (\quad) = 00$

17 $7 \times (\quad) = 28$

18 $7 \times (\quad) = 56$

19 $7 \times (\quad) = 42$

20 $7 \times (\quad) = 63$

21 $7 \times (\quad) = 56$

22 $7 \times (\quad) = 28$

23 $7 \times (\quad) = 42$

24 $7 \times (\quad) = 63$

25 $7 \times (\quad) = 14$

26 $7 \times (\quad) = 49$

27 $7 \times (\quad) = 07$

28 $7 \times (\quad) = 35$

29 $7 \times (\quad) = 21$

30 $7 \times (\quad) = 00$

31 $7 \times (\quad) = 42$

32 $7 \times (\quad) = 63$

33 $7 \times (\quad) = 00$

34 $7 \times (\quad) = 49$

35 $7 \times (\quad) = 28$

36 $7 \times (\quad) = 56$

37 $7 \times (\quad) = 14$

38 $7 \times (\quad) = 07$

39 $7 \times (\quad) = 35$

40 $7 \times (\quad) = 21$

걸린 시간

_____분

_____초

1   7 × (   ) = 49

2   7 × (   ) = 14

3   7 × (   ) = 35

4   7 × (   ) = 00

5   7 × (   ) = 56

6   7 × (   ) = 28

7   7 × (   ) = 42

8   7 × (   ) = 63

9   7 × (   ) = 07

10   7 × (   ) = 21

11   7 × (   ) = 49

12   7 × (   ) = 63

13   7 × (   ) = 07

14   7 × (   ) = 28

15   7 × (   ) = 56

16   7 × (   ) = 00

17   7 × (   ) = 35

18   7 × (   ) = 21

19   7 × (   ) = 42

20   7 × (   ) = 14

21   7 × (   ) = 07

22   7 × (   ) = 35

23   7 × (   ) = 56

24   7 × (   ) = 14

25   7 × (   ) = 21

26   7 × (   ) = 42

27   7 × (   ) = 63

28   7 × (   ) = 28

29   7 × (   ) = 00

30   7 × (   ) = 49

31   7 × (   ) = 00

32   7 × (   ) = 28

33   7 × (   ) = 42

34   7 × (   ) = 35

35   7 × (   ) = 07

36   7 × (   ) = 21

37   7 × (   ) = 56

38   7 × (   ) = 14

39   7 × (   ) = 49

40   7 × (   ) = 63

걸린 시간

_____ 분

_____ 초

1 $\begin{array}{r} 2 \\ \times\ 7 \\ \hline \end{array}$ **2** $\begin{array}{r} 9 \\ \times\ 7 \\ \hline \end{array}$ **3** $\begin{array}{r} 0 \\ \times\ 7 \\ \hline \end{array}$ **4** $\begin{array}{r} 3 \\ \times\ 7 \\ \hline \end{array}$ **5** $\begin{array}{r} 6 \\ \times\ 7 \\ \hline \end{array}$

6 $\begin{array}{r} 7 \\ \times\ 7 \\ \hline \end{array}$ **7** $\begin{array}{r} 1 \\ \times\ 7 \\ \hline \end{array}$ **8** $\begin{array}{r} 5 \\ \times\ 7 \\ \hline \end{array}$ **9** $\begin{array}{r} 8 \\ \times\ 7 \\ \hline \end{array}$ **10** $\begin{array}{r} 4 \\ \times\ 7 \\ \hline \end{array}$

11 $\begin{array}{r} 9 \\ \times\ 7 \\ \hline \end{array}$ **12** $\begin{array}{r} 2 \\ \times\ 7 \\ \hline \end{array}$ **13** $\begin{array}{r} 6 \\ \times\ 7 \\ \hline \end{array}$ **14** $\begin{array}{r} 0 \\ \times\ 7 \\ \hline \end{array}$ **15** $\begin{array}{r} 3 \\ \times\ 7 \\ \hline \end{array}$

16 $\begin{array}{r} 4 \\ \times\ 7 \\ \hline \end{array}$ **17** $\begin{array}{r} 7 \\ \times\ 7 \\ \hline \end{array}$ **18** $\begin{array}{r} 1 \\ \times\ 7 \\ \hline \end{array}$ **19** $\begin{array}{r} 5 \\ \times\ 7 \\ \hline \end{array}$ **20** $\begin{array}{r} 8 \\ \times\ 7 \\ \hline \end{array}$

21 $\begin{array}{r} 0 \\ \times\ 7 \\ \hline \end{array}$ **22** $\begin{array}{r} 8 \\ \times\ 7 \\ \hline \end{array}$ **23** $\begin{array}{r} 4 \\ \times\ 7 \\ \hline \end{array}$ **24** $\begin{array}{r} 6 \\ \times\ 7 \\ \hline \end{array}$ **25** $\begin{array}{r} 2 \\ \times\ 7 \\ \hline \end{array}$

걸린 시간

_____ 분

_____ 초

 **7단**

□ 안에 답쓰기

공부한 날   월   일

| 1 | □
 × 7
 07 | 2 | □
 × 7
 56 | 3 | □
 × 7
 42 | 4 | □
 × 7
 21 | 5 | □
 × 7
 63 |

1 □ × 7 = 07

2 □ × 7 = 56

3 □ × 7 = 42

4 □ × 7 = 21

5 □ × 7 = 63

6 □ × 7 = 14

7 □ × 7 = 28

8 □ × 7 = 49

9 □ × 7 = 00

10 □ × 7 = 35

11 □ × 7 = 56

12 □ × 7 = 21

13 □ × 7 = 42

14 □ × 7 = 07

15 □ × 7 = 63

16 □ × 7 = 00

17 □ × 7 = 49

18 □ × 7 = 28

19 □ × 7 = 35

20 □ × 7 = 14

21 □ × 7 = 07

22 □ × 7 = 56

23 □ × 7 = 42

24 □ × 7 = 63

25 □ × 7 = 21

걸린 시간

_____ 분

_____ 초

8단

8거듭 더하기의 약속

8+8+8+8+8+8+8+8은 8의 여덟배와 같습니다.

8의 여덟배는 8×8이라고 씁니다.

8×8은 **8 곱하기 8** 이라고 읽습니다.

8씩 거듭 더하기	8단	답
① 8	8×	
② 8+8	8×	
③ 8+8+8	8×	
④ 8+8+8+8	8×	
⑤ 8+8+8+8+8	8×	
⑥ 8+8+8+8+8+8	8×	
⑦ 8+8+8+8+8+8+8	8×	
⑧ 8+8+8+8+8+8+8+8	8×	
⑨ 8+8+8+8+8+8+8+8+8	8×	
⑩ 8+8+8+8+8+8+8+8+8+8	8×	

걸린 시간

_____ 분

_____ 초

구구단 쓰기 연습

8 × 0 = 00
8 × 1 = 08
8 × 2 = 16
8 × 3 = 24
8 × 4 = 32
8 × 5 = 40
8 × 6 = 48
8 × 7 = 56
8 × 8 = 64
8 × 9 = 72

공부한 날   월   일

구구단 연습(1)

1	$8 \times 0 =$	
2	$8 \times 5 =$	
3	$8 \times 2 =$	
4	$8 \times 9 =$	
5	$8 \times 7 =$	
6	$8 \times 1 =$	
7	$8 \times 6 =$	
8	$8 \times 4 =$	
9	$8 \times 8 =$	
10	$8 \times 3 =$	
11	$8 \times 7 =$	
12	$8 \times 3 =$	
13	$8 \times 5 =$	
14	$8 \times 1 =$	
15	$8 \times 9 =$	
16	$8 \times 0 =$	
17	$8 \times 2 =$	
18	$8 \times 4 =$	
19	$8 \times 6 =$	
20	$8 \times 8 =$	

21	$8 \times 9 =$	
22	$8 \times 7 =$	
23	$8 \times 3 =$	
24	$8 \times 5 =$	
25	$8 \times 8 =$	
26	$8 \times 0 =$	
27	$8 \times 4 =$	
28	$8 \times 2 =$	
29	$8 \times 6 =$	
30	$8 \times 1 =$	
31	$8 \times 4 =$	
32	$8 \times 7 =$	
33	$8 \times 2 =$	
34	$8 \times 9 =$	
35	$8 \times 1 =$	
36	$8 \times 3 =$	
37	$8 \times 6 =$	
38	$8 \times 8 =$	
39	$8 \times 0 =$	
40	$8 \times 5 =$	

걸린 시간

_____ 분

_____ 초

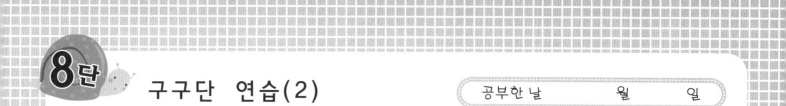

8단

구구단 연습(2)

1   8 × 6 =
2   8 × 1 =
3   8 × 4 =
4   8 × 9 =
5   8 × 3 =
6   8 × 5 =
7   8 × 7 =
8   8 × 2 =
9   8 × 0 =
10 8 × 8 =
11 8 × 5 =
12 8 × 1 =
13 8 × 4 =
14 8 × 7 =
15 8 × 9 =
16 8 × 0 =
17 8 × 2 =
18 8 × 6 =
19 8 × 8 =
20 8 × 3 =

21 8 × 5 =
22 8 × 3 =
23 8 × 8 =
24 8 × 2 =
25 8 × 4 =
26 8 × 9 =
27 8 × 1 =
28 8 × 6 =
29 8 × 7 =
30 8 × 0 =
31 8 × 8 =
32 8 × 2 =
33 8 × 9 =
34 8 × 4 =
35 8 × 6 =
36 8 × 3 =
37 8 × 0 =
38 8 × 1 =
39 8 × 5 =
40 8 × 7 =

걸린 시간

_____ 분

_____ 초

구구단 괄호 넣기(1)

1. $8 \times (\quad) = 00$
2. $8 \times (\quad) = 32$
3. $8 \times (\quad) = 72$
4. $8 \times (\quad) = 48$
5. $8 \times (\quad) = 08$
6. $8 \times (\quad) = 40$
7. $8 \times (\quad) = 24$
8. $8 \times (\quad) = 56$
9. $8 \times (\quad) = 16$
10. $8 \times (\quad) = 64$
11. $8 \times (\quad) = 24$
12. $8 \times (\quad) = 72$
13. $8 \times (\quad) = 40$
14. $8 \times (\quad) = 00$
15. $8 \times (\quad) = 08$
16. $8 \times (\quad) = 56$
17. $8 \times (\quad) = 16$
18. $8 \times (\quad) = 64$
19. $8 \times (\quad) = 48$
20. $8 \times (\quad) = 32$

21. $8 \times (\quad) = 16$
22. $8 \times (\quad) = 64$
23. $8 \times (\quad) = 48$
24. $8 \times (\quad) = 32$
25. $8 \times (\quad) = 72$
26. $8 \times (\quad) = 24$
27. $8 \times (\quad) = 56$
28. $8 \times (\quad) = 08$
29. $8 \times (\quad) = 00$
30. $8 \times (\quad) = 40$
31. $8 \times (\quad) = 64$
32. $8 \times (\quad) = 08$
33. $8 \times (\quad) = 24$
34. $8 \times (\quad) = 56$
35. $8 \times (\quad) = 40$
36. $8 \times (\quad) = 48$
37. $8 \times (\quad) = 72$
38. $8 \times (\quad) = 32$
39. $8 \times (\quad) = 00$
40. $8 \times (\quad) = 16$

걸린 시간

_____ 분

_____ 초

구구단 괄호 넣기(2)

1 $8 \times ($ $) = 32$

2 $8 \times ($ $) = 08$

3 $8 \times ($ $) = 72$

4 $8 \times ($ $) = 48$

5 $8 \times ($ $) = 16$

6 $8 \times ($ $) = 40$

7 $8 \times ($ $) = 64$

8 $8 \times ($ $) = 00$

9 $8 \times ($ $) = 56$

10 $8 \times ($ $) = 24$

11 $8 \times ($ $) = 08$

12 $8 \times ($ $) = 64$

13 $8 \times ($ $) = 16$

14 $8 \times ($ $) = 72$

15 $8 \times ($ $) = 32$

16 $8 \times ($ $) = 56$

17 $8 \times ($ $) = 00$

18 $8 \times ($ $) = 40$

19 $8 \times ($ $) = 24$

20 $8 \times ($ $) = 48$

21 $8 \times ($ $) = 16$

22 $8 \times ($ $) = 40$

23 $8 \times ($ $) = 32$

24 $8 \times ($ $) = 56$

25 $8 \times ($ $) = 08$

26 $8 \times ($ $) = 00$

27 $8 \times ($ $) = 48$

28 $8 \times ($ $) = 72$

29 $8 \times ($ $) = 24$

30 $8 \times ($ $) = 64$

31 $8 \times ($ $) = 40$

32 $8 \times ($ $) = 32$

33 $8 \times ($ $) = 72$

34 $8 \times ($ $) = 16$

35 $8 \times ($ $) = 56$

36 $8 \times ($ $) = 08$

37 $8 \times ($ $) = 24$

38 $8 \times ($ $) = 00$

39 $8 \times ($ $) = 48$

40 $8 \times ($ $) = 64$

걸린 시간

_____분

_____초

8단

세로 답 쓰기

1	2	3	4	5
8	1	7	9	3
× 8	× 8	× 8	× 8	× 8

6	7	8	9	10
5	2	6	0	4
× 8	× 8	× 8	× 8	× 8

11	12	13	14	15
7	3	8	1	9
× 8	× 8	× 8	× 8	× 8

16	17	18	19	20
5	4	0	6	2
× 8	× 8	× 8	× 8	× 8

21	22	23	24	25
3	8	9	1	5
× 8	× 8	× 8	× 8	× 8

걸린 시간

_____ 분

_____ 초

 **8단**

□ 안에 답쓰기

공부한 날   월   일

1
$$\begin{array}{r} \square \\ \times\ 8 \\ \hline 00 \end{array}$$

2
$$\begin{array}{r} \square \\ \times\ 8 \\ \hline 32 \end{array}$$

3
$$\begin{array}{r} \square \\ \times\ 8 \\ \hline 56 \end{array}$$

4
$$\begin{array}{r} \square \\ \times\ 8 \\ \hline 40 \end{array}$$

5
$$\begin{array}{r} \square \\ \times\ 8 \\ \hline 64 \end{array}$$

6
$$\begin{array}{r} \square \\ \times\ 8 \\ \hline 24 \end{array}$$

7
$$\begin{array}{r} \square \\ \times\ 8 \\ \hline 48 \end{array}$$

8
$$\begin{array}{r} \square \\ \times\ 8 \\ \hline 16 \end{array}$$

9
$$\begin{array}{r} \square \\ \times\ 8 \\ \hline 72 \end{array}$$

10
$$\begin{array}{r} \square \\ \times\ 8 \\ \hline 08 \end{array}$$

11
$$\begin{array}{r} \square \\ \times\ 8 \\ \hline 40 \end{array}$$

12
$$\begin{array}{r} \square \\ \times\ 8 \\ \hline 64 \end{array}$$

13
$$\begin{array}{r} \square \\ \times\ 8 \\ \hline 32 \end{array}$$

14
$$\begin{array}{r} \square \\ \times\ 8 \\ \hline 00 \end{array}$$

15
$$\begin{array}{r} \square \\ \times\ 8 \\ \hline 56 \end{array}$$

16
$$\begin{array}{r} \square \\ \times\ 8 \\ \hline 08 \end{array}$$

17
$$\begin{array}{r} \square \\ \times\ 8 \\ \hline 24 \end{array}$$

18
$$\begin{array}{r} \square \\ \times\ 8 \\ \hline 72 \end{array}$$

19
$$\begin{array}{r} \square \\ \times\ 8 \\ \hline 48 \end{array}$$

20
$$\begin{array}{r} \square \\ \times\ 8 \\ \hline 16 \end{array}$$

21
$$\begin{array}{r} \square \\ \times\ 8 \\ \hline 48 \end{array}$$

22
$$\begin{array}{r} \square \\ \times\ 8 \\ \hline 32 \end{array}$$

23
$$\begin{array}{r} \square \\ \times\ 8 \\ \hline 56 \end{array}$$

24
$$\begin{array}{r} \square \\ \times\ 8 \\ \hline 40 \end{array}$$

25
$$\begin{array}{r} \square \\ \times\ 8 \\ \hline 08 \end{array}$$

걸린 시간

_____ 분

_____ 초

57

9거듭 더하기의 약속

9+9+9+9+9+9+9+9+9는 9의 아홉배와 같습니다.

9의 아홉배는 9×9라고 씁니다.

9×9는 **9 곱하기 9** 라고 읽습니다.

9씩 거듭 더하기	9단	답
❶ 9	9×	
❷ 9+9	9×	
❸ 9+9+9	9×	
❹ 9+9+9+9	9×	
❺ 9+9+9+9+9	9×	
❻ 9+9+9+9+9+9	9×	
❼ 9+9+9+9+9+9+9	9×	
❽ 9+9+9+9+9+9+9+9	9×	
❾ 9+9+9+9+9+9+9+9+9	9×	
❿ 9+9+9+9+9+9+9+9+9+9	9×	

걸린 시간

_____ 분

_____ 초

구구단 쓰기 연습

$9 \times 0 = 00$
$9 \times 1 = 09$
$9 \times 2 = 18$
$9 \times 3 = 27$
$9 \times 4 = 36$
$9 \times 5 = 45$
$9 \times 6 = 54$
$9 \times 7 = 63$
$9 \times 8 = 72$
$9 \times 9 = 81$

공부한 날   월   일

구구단 연습(1)

1 9 × 7 =	21 9 × 5 =
2 9 × 1 =	22 9 × 3 =
3 9 × 5 =	23 9 × 8 =
4 9 × 9 =	24 9 × 4 =
5 9 × 4 =	25 9 × 2 =
6 9 × 2 =	26 9 × 0 =
7 9 × 6 =	27 9 × 9 =
8 9 × 0 =	28 9 × 6 =
9 9 × 8 =	29 9 × 1 =
10 9 × 3 =	30 9 × 7 =
11 9 × 6 =	31 9 × 4 =
12 9 × 3 =	32 9 × 8 =
13 9 × 0 =	33 9 × 6 =
14 9 × 7 =	34 9 × 2 =
15 9 × 2 =	35 9 × 0 =
16 9 × 5 =	36 9 × 7 =
17 9 × 8 =	37 9 × 1 =
18 9 × 4 =	38 9 × 3 =
19 9 × 1 =	39 9 × 9 =
20 9 × 9 =	40 9 × 5 =

걸린 시간

_____ 분

_____ 초

60

구구단 연습(2)

1. $9 \times 6 =$
2. $9 \times 4 =$
3. $9 \times 1 =$
4. $9 \times 9 =$
5. $9 \times 5 =$
6. $9 \times 0 =$
7. $9 \times 3 =$
8. $9 \times 7 =$
9. $9 \times 2 =$
10. $9 \times 8 =$
11. $9 \times 5 =$
12. $9 \times 1 =$
13. $9 \times 7 =$
14. $9 \times 4 =$
15. $9 \times 0 =$
16. $9 \times 3 =$
17. $9 \times 9 =$
18. $9 \times 2 =$
19. $9 \times 8 =$
20. $9 \times 6 =$

21. $9 \times 2 =$
22. $9 \times 1 =$
23. $9 \times 5 =$
24. $9 \times 3 =$
25. $9 \times 7 =$
26. $9 \times 9 =$
27. $9 \times 8 =$
28. $9 \times 0 =$
29. $9 \times 6 =$
30. $9 \times 4 =$
31. $9 \times 8 =$
32. $9 \times 5 =$
33. $9 \times 1 =$
34. $9 \times 9 =$
35. $9 \times 2 =$
36. $9 \times 7 =$
37. $9 \times 4 =$
38. $9 \times 6 =$
39. $9 \times 3 =$
40. $9 \times 0 =$

걸린 시간

_____분

_____초

구구단 괄호 넣기(1)

공부한 날   월   일

1. $9 \times (\quad) = 72$
2. $9 \times (\quad) = 09$
3. $9 \times (\quad) = 54$
4. $9 \times (\quad) = 27$
5. $9 \times (\quad) = 81$
6. $9 \times (\quad) = 45$
7. $9 \times (\quad) = 18$
8. $9 \times (\quad) = 63$
9. $9 \times (\quad) = 00$
10. $9 \times (\quad) = 36$
11. $9 \times (\quad) = 09$
12. $9 \times (\quad) = 63$
13. $9 \times (\quad) = 27$
14. $9 \times (\quad) = 45$
15. $9 \times (\quad) = 72$
16. $9 \times (\quad) = 00$
17. $9 \times (\quad) = 36$
18. $9 \times (\quad) = 18$
19. $9 \times (\quad) = 54$
20. $9 \times (\quad) = 81$

21. $9 \times (\quad) = 36$
22. $9 \times (\quad) = 63$
23. $9 \times (\quad) = 45$
24. $9 \times (\quad) = 09$
25. $9 \times (\quad) = 54$
26. $9 \times (\quad) = 72$
27. $9 \times (\quad) = 00$
28. $9 \times (\quad) = 27$
29. $9 \times (\quad) = 81$
30. $9 \times (\quad) = 18$
31. $9 \times (\quad) = 63$
32. $9 \times (\quad) = 36$
33. $9 \times (\quad) = 72$
34. $9 \times (\quad) = 00$
35. $9 \times (\quad) = 18$
36. $9 \times (\quad) = 81$
37. $9 \times (\quad) = 54$
38. $9 \times (\quad) = 27$
39. $9 \times (\quad) = 09$
40. $9 \times (\quad) = 45$

걸린 시간

_____ 분

_____ 초

1　$9 \times ($ 　$) = 18$

2　$9 \times ($ 　$) = 72$

3　$9 \times ($ 　$) = 27$

4　$9 \times ($ 　$) = 63$

5　$9 \times ($ 　$) = 09$

6　$9 \times ($ 　$) = 81$

7　$9 \times ($ 　$) = 54$

8　$9 \times ($ 　$) = 36$

9　$9 \times ($ 　$) = 00$

10　$9 \times ($ 　$) = 45$

11　$9 \times ($ 　$) = 09$

12　$9 \times ($ 　$) = 72$

13　$9 \times ($ 　$) = 27$

14　$9 \times ($ 　$) = 18$

15　$9 \times ($ 　$) = 54$

16　$9 \times ($ 　$) = 36$

17　$9 \times ($ 　$) = 63$

18　$9 \times ($ 　$) = 81$

19　$9 \times ($ 　$) = 00$

20　$9 \times ($ 　$) = 45$

21　$9 \times ($ 　$) = 27$

22　$9 \times ($ 　$) = 09$

23　$9 \times ($ 　$) = 81$

24　$9 \times ($ 　$) = 45$

25　$9 \times ($ 　$) = 63$

26　$9 \times ($ 　$) = 36$

27　$9 \times ($ 　$) = 00$

28　$9 \times ($ 　$) = 54$

29　$9 \times ($ 　$) = 18$

30　$9 \times ($ 　$) = 72$

31　$9 \times ($ 　$) = 27$

32　$9 \times ($ 　$) = 54$

33　$9 \times ($ 　$) = 81$

34　$9 \times ($ 　$) = 36$

35　$9 \times ($ 　$) = 09$

36　$9 \times ($ 　$) = 72$

37　$9 \times ($ 　$) = 00$

38　$9 \times ($ 　$) = 45$

39　$9 \times ($ 　$) = 18$

40　$9 \times ($ 　$) = 63$

걸린 시간

_____ 분

_____ 초

63

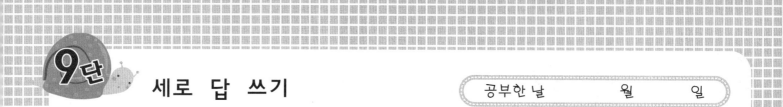

9단

세로 답 쓰기

공부한 날   월   일

1)
```
    0
×   9
─────
```

2)
```
    8
×   9
─────
```

3)
```
    2
×   9
─────
```

4)
```
    9
×   9
─────
```

5)
```
    5
×   9
─────
```

6)
```
    6
×   9
─────
```

7)
```
    4
×   9
─────
```

8)
```
    1
×   9
─────
```

9)
```
    7
×   9
─────
```

10)
```
    3
×   9
─────
```

11)
```
    9
×   9
─────
```

12)
```
    2
×   9
─────
```

13)
```
    6
×   9
─────
```

14)
```
    0
×   9
─────
```

15)
```
    8
×   9
─────
```

16)
```
    3
×   9
─────
```

17)
```
    1
×   9
─────
```

18)
```
    4
×   9
─────
```

19)
```
    7
×   9
─────
```

20)
```
    5
×   9
─────
```

21)
```
    2
×   9
─────
```

22)
```
    8
×   9
─────
```

23)
```
    0
×   9
─────
```

24)
```
    9
×   9
─────
```

25)
```
    6
×   9
─────
```

걸린 시간

_____ 분

_____ 초

□ 안에 답쓰기

1
```
   □
×  9
  00
```

2
```
   □
×  9
  63
```

3
```
   □
×  9
  27
```

4
```
   □
×  9
  81
```

5
```
   □
×  9
  54
```

6
```
   □
×  9
  18
```

7
```
   □
×  9
  36
```

8
```
   □
×  9
  09
```

9
```
   □
×  9
  72
```

10
```
   □
×  9
  45
```

11
```
   □
×  9
  63
```

12
```
   □
×  9
  27
```

13
```
   □
×  9
  54
```

14
```
   □
×  9
  81
```

15
```
   □
×  9
  00
```

16
```
   □
×  9
  36
```

17
```
   □
×  9
  09
```

18
```
   □
×  9
  72
```

19
```
   □
×  9
  18
```

20
```
   □
×  9
  45
```

21
```
   □
×  9
  63
```

22
```
   □
×  9
  27
```

23
```
   □
×  9
  81
```

24
```
   □
×  9
  36
```

25
```
   □
×  9
  00
```

걸린 시간

_____ 분

_____ 초

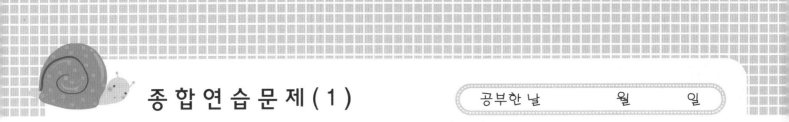

종합연습문제(1)

1	4 × 3 =	21　9 × 2 =
2	6 × 1 =	22　7 × 6 =
3	5 × 8 =	23　8 × 9 =
4	9 × 6 =	24　4 × 6 =
5	7 × 4 =	25　3 × 8 =
6	8 × 2 =	26　5 × 5 =
7	3 × 9 =	27　2 × 6 =
8	2 × 7 =	28　6 × 8 =
9	5 × 6 =	29　1 × 7 =
10	4 × 8 =	30　8 × 8 =
11	6 × 9 =	31　3 × 6 =
12	1 × 5 =	32　9 × 1 =
13	7 × 8 =	33　6 × 4 =
14	9 × 9 =	34　5 × 3 =
15	8 × 6 =	35　1 × 6 =
16	3 × 7 =	36　8 × 4 =
17	2 × 4 =	37　6 × 7 =
18	8 × 0 =	38　4 × 4 =
19	5 × 7 =	39　7 × 9 =
20	4 × 9 =	40　3 × 4 =

걸린 시간

_____ 분

_____ 초

66

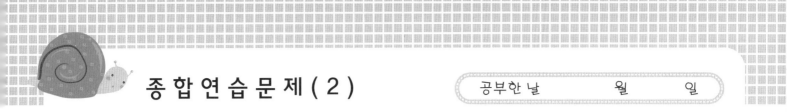

공부한 날   월   일

1 $6 \times 5 =$

2 $9 \times 3 =$

3 $8 \times 3 =$

4 $2 \times 2 =$

5 $4 \times 7 =$

6 $1 \times 5 =$

7 $7 \times 7 =$

8 $4 \times 1 =$

9 $9 \times 4 =$

10 $5 \times 2 =$

11 $8 \times 7 =$

12 $2 \times 9 =$

13 $6 \times 7 =$

14 $9 \times 8 =$

15 $7 \times 3 =$

16 $1 \times 6 =$

17 $4 \times 2 =$

18 $3 \times 3 =$

19 $5 \times 4 =$

20 $2 \times 5 =$

21 $6 \times 2 =$

22 $5 \times 9 =$

23 $6 \times 3 =$

24 $8 \times 5 =$

25 $4 \times 6 =$

26 $9 \times 7 =$

27 $7 \times 5 =$

28 $1 \times 8 =$

29 $2 \times 3 =$

30 $9 \times 9 =$

31 $7 \times 2 =$

32 $9 \times 5 =$

33 $3 \times 5 =$

34 $8 \times 7 =$

35 $2 \times 8 =$

36 $4 \times 5 =$

37 $0 \times 8 =$

38 $6 \times 6 =$

39 $7 \times 4 =$

40 $8 \times 8 =$

걸린 시간

_____ 분

_____ 초

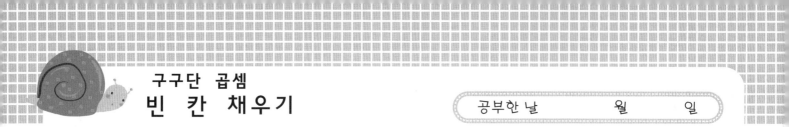

×	2	6	3	9	5	7	0	4	8	1
2										

×	8	3	7	5	1	0	2	9	6	4
3										

×	7	9	4	6	8	5	0	1	3	2
4										

×	6	1	8	5	2	9	3	4	0	7
5										

×	4	2	0	1	9	5	8	6	7	3
6										

×	5	8	2	0	3	1	6	4	9	7
7										

×	2	6	1	4	5	7	0	3	8	9
8										

×	1	3	8	0	4	9	7	2	5	6
9										

*매직셈 구구단
해답 *

곱셉 해답지

주판으로 배우는 암산 수학
매직셈

2단(2~9)

2쪽
1) 1,02　2) 2,04　3) 3,06　4) 4,08　5) 5,10
6) 6,12　7) 7,14　8) 8,16　9) 9,18　10) 10,20

4쪽
1) 00　2) 02　3) 04　4) 06　5) 08　6) 10　7) 12
8) 14　9) 16　10) 18　11) 02　12) 06　13) 10　14) 14
15) 18　16) 00　17) 04　18) 08　19) 12　20) 16　21) 12
22) 08　23) 18　24) 10　25) 06　26) 16　27) 02　28) 00
29) 04　30) 14　31) 18　32) 00　33) 04　34) 12　35) 08
36) 14　37) 10　38) 16　39) 06　40) 02

5쪽
1) 14　2) 02　3) 10　4) 16　5) 08　6) 04　7) 12
8) 00　9) 06　10) 18　11) 14　12) 02　13) 10　14) 00
15) 06　16) 16　17) 04　18) 14　19) 18　20) 08　21) 04
22) 16　23) 06　24) 14　25) 18　26) 08　27) 10　28) 02
29) 12　30) 00　31) 06　32) 18　33) 08　34) 16　35) 00
36) 10　37) 02　38) 12　39) 04　40) 14

6쪽
1) 0　2) 1　3) 2　4) 3　5) 4　6) 5　7) 6
8) 7　9) 8　10) 9　11) 1　12) 3　13) 5　14) 7
15) 9　16) 0　17) 2　18) 4　19) 6　20) 8　21) 7
22) 3　23) 8　24) 5　25) 0　26) 4　27) 1　28) 6
29) 9　30) 2　31) 8　32) 5　33) 1　34) 4　35) 2
36) 7　37) 0　38) 9　39) 3　40) 6

7쪽
1) 4　2) 8　3) 1　4) 7　5) 0　6) 3　7) 5
8) 9　9) 6　10) 2　11) 8　12) 0　13) 7　14) 5
15) 1　16) 4　17) 2　18) 9　19) 6　20) 3　21) 1
22) 6　23) 4　24) 8　25) 2　26) 7　27) 3　28) 0
29) 9　30) 5　31) 1　32) 6　33) 4　34) 9　35) 2
36) 0　37) 5　38) 8　39) 3　40) 7

8쪽
1) 04　2) 02　3) 08　4) 18　5) 14　6) 16　7) 12
8) 00　9) 10　10) 06　11) 00　12) 06　13) 02　14) 14
15) 18　16) 10　17) 04　18) 16　19) 12　20) 08　21) 12
22) 16　23) 02　24) 18　25) 06

9쪽
1) 5　2) 4　3) 2　4) 3　5) 4　6) 0　7) 6
8) 1　9) 3　10) 9　11) 4　12) 7　13) 5　14) 9
15) 2　16) 1　17) 8　18) 0　19) 6　20) 3　21) 0
22) 2　23) 5　24) 7　25) 4

3단(10~17)

10쪽
1) 1,03　2) 2,06　3) 3,09　4) 4,12　5) 5,15
6) 6,18　7) 7,21　8) 8,24　9) 9,27　10) 10,30

12쪽
1) 21　2) 09　3) 27　4) 03　5) 12　6) 24　7) 18
8) 00　9) 15　10) 06　11) 21　12) 09　13) 18　14) 03
15) 12　16) 00　17) 06　18) 27　19) 15　20) 24　21) 09
22) 03　23) 12　24) 06　25) 18　26) 27　27) 00　28) 24
29) 21　30) 15　31) 27　32) 00　33) 09　34) 15　35) 21
36) 03　37) 12　38) 18　39) 24　40) 06

13쪽
1) 00　2) 21　3) 15　4) 03　5) 24　6) 06　7) 18
8) 09　9) 27　10) 12　11) 21　12) 15　13) 00　14) 06
15) 12　16) 27　17) 18　18) 03　19) 24　20) 09　21) 27
22) 15　23) 09　24) 00　25) 12　26) 03　27) 24　28) 18
29) 06　30) 21　31) 00　32) 24　33) 15　34) 27　35) 18
36) 12　37) 06　38) 21　39) 09　40) 03

14쪽
1) 0　2) 8　3) 2　4) 5　5) 4　6) 9　7) 3
8) 7　9) 8　10) 5　11) 7　12) 5　13) 1　14) 8
15) 4　16) 6　17) 2　18) 9　19) 0　20) 3　21) 6
22) 0　23) 4　24) 7　25) 1　26) 3　27) 2　28) 8
29) 5　30) 9　31) 1　32) 0　33) 4　34) 7　35) 2
36) 9　37) 5　38) 3　39) 6　40) 8

15쪽
1) 3　2) 6　3) 6　4) 8　5) 1　6) 7　7) 4
8) 0　9) 2　10) 5　11) 8　12) 1　13) 7　14) 9
15) 0　16) 6　17) 2　18) 4　19) 3　20) 5　21) 1
22) 4　23) 7　24) 9　25) 6　26) 0　27) 3　28) 8
29) 5　30) 2　31) 4　32) 9　33) 3　34) 6　35) 5
36) 0　37) 5　38) 2　39) 7　40) 1

16쪽
1) 00　2) 18　3) 06　4) 21　5) 03　6) 15　7) 09
8) 24　9) 12　10) 27　11) 03　12) 21　13) 06　14) 18
15) 00　16) 27　17) 15　18) 12　19) 24　20) 09　21) 18
22) 03　23) 21　24) 06　25) 27

17쪽
1) 8　2) 5　3) 2　4) 7　5) 4　6) 6　7) 1
8) 3　9) 9　10) 0　11) 2　12) 8　13) 5　14) 7
15) 4　16) 0　17) 1　18) 9　19) 6　20) 3　21) 8
22) 5　23) 3　24) 0　25) 4

4단(18~25)

18쪽
1) 1,04　2) 2,08　3) 3,12　4) 4,16　5) 5,20
6) 6,24　7) 7,28　8) 8,32　9) 9,36　10) 10,40

20쪽
1) 28　2) 04　3) 20　4) 12　5) 32　6) 08　7) 24
8) 00　9) 16　10) 36　11) 00　12) 12　13) 36　14) 24
15) 08　16) 04　17) 32　18) 16　19) 28　20) 20　21) 36
22) 16　23) 24　24) 04　25) 12　26) 20　27) 32　28) 08
29) 28　30) 00　31) 28　32) 36　33) 24　34) 04　35) 20
36) 12　37) 00　38) 32　39) 08　40) 16

21쪽
1) 04　2) 36　3) 12　4) 24　5) 16　6) 32　7) 00
8) 20　9) 28　10) 08　11) 32　12) 12　13) 04　14) 28
15) 00　16) 24　17) 16　18) 08　19) 20　20) 36　21) 32
22) 24　23) 04　24) 00　25) 36　26) 16　27) 20　28) 08
29) 12　30) 28　31) 00　32) 32　33) 16　34) 20　35) 36
36) 04　37) 28　38) 12　39) 24　40) 08

22쪽
1) 8　2) 7　3) 2　4) 4　5) 9　6) 5　7) 3
8) 1　9) 0　10) 6　11) 8　12) 0　13) 4　14) 6
15) 9　16) 3　17) 1　18) 5　19) 7　20) 2　21) 6
22) 3　23) 1　24) 2　25) 0　26) 4　27) 2　28) 5
29) 8　30) 9　31) 1　32) 7　33) 8　34) 4　35) 2
36) 5　37) 3　38) 9　39) 0　40) 6

23쪽
1) 3　2) 5　3) 0　4) 2　5) 7　6) 1　7) 8
8) 4　9) 6　10) 9　11) 0　12) 3　13) 5　14) 8
15) 1　16) 6　17) 9　18) 2　19) 4　20) 7　21) 6
22) 4　23) 8　24) 5　25) 9　26) 7　27) 1　28) 3
29) 0　30) 2　31) 4　32) 6　33) 1　34) 9　35) 3
36) 2　37) 0　38) 7　39) 5　40) 8

24쪽
1) 28　2) 04　3) 24　4) 12　5) 36　6) 08　7) 20
8) 00　9) 32　10) 16　11) 04　12) 12　13) 36　14) 28
15) 00　16) 32　17) 20　18) 08　19) 16　20) 24　21) 36
22) 24　23) 04　24) 12　25) 32

25쪽
1) 2　2) 3　3) 7　4) 5　5) 8　6) 6　7) 9
8) 4　9) 0　10) 3　11) 5　12) 8　13) 1　14) 7
15) 2　16) 0　17) 9　18) 4　19) 6　20) 3　21) 4
22) 7　23) 2　24) 5　25) 0

5단(26~33)

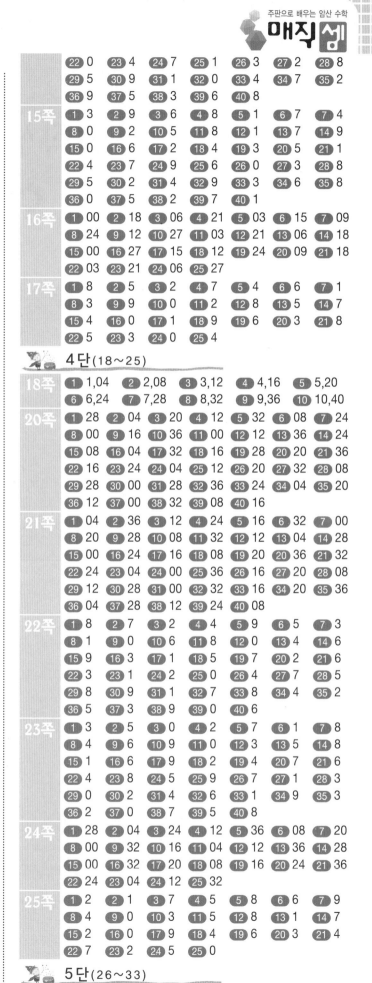

26쪽
1 1,05 2 2,10 3 3,15 4 4,20 5 5,25
6 6,30 7 7,35 8 8,40 9 9,45 10 10,50

28쪽
1 20 2 40 3 10 4 35 5 00 6 25 7 30
8 15 9 05 10 45 11 10 12 35 13 05 14 30
15 20 16 00 17 25 18 45 19 15 20 40 21 25
22 45 23 30 24 15 25 40 26 10 27 35 28 00
29 20 30 05 31 30 32 15 33 40 34 00 35 45
36 20 37 05 38 35 39 10 40 25

29쪽
1 20 2 05 3 35 4 25 5 40 6 15 7 00
8 30 9 10 10 45 11 05 12 20 13 35 14 10
15 25 16 00 17 40 18 30 19 15 20 45 21 30
22 10 23 40 24 00 25 20 26 45 27 35 28 15
29 25 30 05 31 40 32 30 33 05 34 45 35 15
36 35 37 25 38 00 39 10 40 20

30쪽
1 5 2 1 3 3 4 7 5 4 6 0 7 9
8 2 9 8 10 6 11 1 12 6 13 4 14 2
15 9 16 0 17 7 18 5 19 3 20 8 21 2
22 9 23 7 24 0 25 3 26 6 27 1 28 5
29 4 30 8 31 3 32 7 33 2 34 0 35 5
36 8 37 4 38 9 39 6 40 1

31쪽
1 2 2 7 3 4 4 1 5 6 6 9 7 6
8 3 9 0 10 8 11 1 12 4 13 6 14 0
15 9 16 5 17 3 18 7 19 2 20 8 21 9
22 1 23 6 24 3 25 0 26 7 27 4 28 2
29 8 30 5 31 0 32 7 33 3 34 4 35 1
36 9 37 2 38 5 39 8 40 6

32쪽
1 00 2 45 3 35 4 05 5 15 6 20 7 30
8 10 9 40 10 25 11 05 12 35 13 45 14 15
15 00 16 25 17 10 18 20 19 40 20 30 21 05
22 15 23 35 24 00 25 45

33쪽
1 5 2 9 3 4 4 8 5 3 6 1 7 6
8 0 9 2 10 7 11 8 12 3 13 9 14 4
15 2 16 7 17 0 18 6 19 1 20 5 21 5
22 2 23 6 24 8 25 4

6단(34~41)

34쪽
1 1,06 2 2,12 3 3,18 4 4,24 5 5,30
6 6,36 7 7,42 8 8,48 9 9,54 10 10,60

36쪽
1 00 2 36 3 12 4 54 5 42 6 30 7 06
8 24 9 48 10 18 11 06 12 24 13 00 14 54
15 42 16 30 17 48 18 18 19 36 20 12 21 06
22 42 23 30 24 12 25 24 26 54 27 48 28 00
29 18 30 36 31 54 32 12 33 18 34 48 35 24
36 06 37 36 38 00 39 30 40 42

37쪽
1 18 2 30 3 06 4 54 5 36 6 48 7 00
8 12 9 24 10 42 11 06 12 36 13 24 14 12
15 54 16 30 17 00 18 48 19 18 20 42 21 00
22 48 23 18 24 42 25 12 26 36 27 06 28 24
29 54 30 30 31 00 32 18 33 48 34 24 35 42
36 06 37 12 38 30 39 54 40 36

38쪽
1 5 2 1 3 9 4 3 5 7 6 0 7 6
8 4 9 8 10 2 11 8 12 4 13 1 14 6
15 5 16 0 17 7 18 3 19 9 20 2 21 1
22 7 23 2 24 5 25 4 26 6 27 8 28 3
29 9 30 0 31 1 32 6 33 2 34 3 35 9
36 7 37 5 38 8 39 0 40 4

39쪽
1 9 2 3 3 7 4 0 5 4 6 6 7 2
8 9 9 1 10 6 11 0 12 0 13 2 14 7
15 5 16 9 17 3 18 8 19 1 20 4 21 6
22 1 23 5 24 9 25 3 26 8 27 4 28 2
29 7 30 0 31 2 32 7 33 3 34 5 35 8
36 6 37 1 38 4 39 0 40 2

40쪽
1 00 2 18 3 42 4 06 5 24 6 12 7 36
8 54 9 30 10 48 11 06 12 24 13 00 14 42
15 18 16 48 17 12 18 54 19 36 20 30 21 24
22 30 23 00 24 42 25 06

41쪽
1 2 2 4 3 0 4 0 5 7 6 8 7 4
8 1 9 9 10 5 11 2 12 1 13 7 14 3
15 9 16 1 17 5 18 8 19 0 20 4 21 8
22 3 23 7 24 9 25 6

7단(42~49)

42쪽
1 1,07 2 2,14 3 3,21 4 4,28 5 5,35
6 6,42 7 7,49 8 8,56 9 9,63 10 10,70

44쪽
1 00 2 42 3 14 4 63 5 21 6 35 7 07
8 49 9 28 10 56 11 35 12 21 13 07 14 28
15 63 16 42 17 14 18 49 19 00 20 56 21 42
22 21 23 49 24 00 25 35 26 63 27 28 28 14
29 56 30 07 31 42 32 56 33 21 34 07 35 35
36 49 37 28 38 00 39 63 40 14

45쪽
1 35 2 56 3 21 4 00 5 42 6 28 7 14
8 49 9 07 10 63 11 42 12 21 13 07 14 56
15 28 16 63 17 14 18 49 19 00 20 35 21 00
22 28 23 49 24 35 25 63 26 07 27 21 28 56
29 42 30 14 31 07 32 63 33 35 34 21 35 42
36 00 37 56 38 28 39 14 40 49

46쪽
1 5 2 1 3 7 4 3 5 9 6 1 7 6
8 2 9 8 10 4 11 1 12 3 13 7 14 5
15 2 16 0 17 4 18 8 19 6 20 9 21 8
22 4 23 6 24 9 25 2 26 7 27 1 28 5
29 3 30 0 31 9 32 0 33 4 34 7 35 2
36 8 37 2 38 1 39 5 40 3

47쪽
1 7 2 2 3 5 4 0 5 8 6 4 7 6
8 9 9 1 10 3 11 7 12 9 13 1 14 4
15 8 16 7 17 0 18 2 19 6 20 3 21 0
22 5 23 8 24 2 25 6 26 1 27 9 28 4
29 0 30 7 31 0 32 4 33 6 34 5 35 1
36 3 37 8 38 2 39 7 40 9

48쪽
1 14 2 63 3 00 4 21 5 42 6 49 7 07
8 35 9 56 10 28 11 63 12 14 13 42 14 00
15 21 16 28 17 49 18 07 19 35 20 56 21 00
22 56 23 28 24 42 25 14

49쪽
1 1 2 8 3 6 4 3 5 9 6 2 7 4
8 7 9 0 10 5 11 3 12 6 13 6 14 1
15 9 16 0 17 7 18 4 19 5 20 2 21 1
22 8 23 6 24 9 25 3

곱셈 해답지

주판으로 배우는 암산 수학 매직셈

8단 (50~57)

50쪽
1) 1,08 2) 2,16 3) 3,24 4) 4,32 5) 5,40
6) 6,48 7) 7,56 8) 8,64 9) 9,72 10) 10,80

52쪽
1) 00 2) 40 3) 16 4) 72 5) 56 6) 08 7) 48
8) 32 9) 64 10) 24 11) 56 12) 24 13) 40 14) 08
15) 72 16) 00 17) 16 18) 32 19) 48 20) 64 21) 72
22) 56 23) 24 24) 40 25) 64 26) 00 27) 32 28) 16
29) 48 30) 08 31) 32 32) 56 33) 16 34) 72 35) 08
36) 24 37) 48 38) 64 39) 00 40) 40

53쪽
1) 48 2) 08 3) 32 4) 72 5) 24 6) 40 7) 56
8) 16 9) 00 10) 64 11) 40 12) 08 13) 32 14) 56
15) 72 16) 00 17) 16 18) 48 19) 64 20) 24 21) 40
22) 24 23) 64 24) 16 25) 32 26) 72 27) 08 28) 48
29) 56 30) 00 31) 64 32) 16 33) 72 34) 32 35) 48
36) 24 37) 00 38) 08 39) 40 40) 56

54쪽
1) 0 2) 4 3) 9 4) 6 5) 1 6) 5 7) 3
8) 7 9) 2 10) 8 11) 3 12) 9 13) 5 14) 0
15) 1 16) 7 17) 2 18) 8 19) 6 20) 4 21) 2
22) 8 23) 6 24) 4 25) 9 26) 3 27) 7 28) 1
29) 0 30) 5 31) 8 32) 1 33) 3 34) 7 35) 5
36) 6 37) 9 38) 4 39) 0 40) 2

55쪽
1) 4 2) 1 3) 9 4) 6 5) 2 6) 5 7) 8
8) 0 9) 7 10) 3 11) 1 12) 8 13) 2 14) 9
15) 4 16) 7 17) 0 18) 5 19) 3 20) 6 21) 2
22) 5 23) 4 24) 7 25) 1 26) 0 27) 6 28) 9
29) 3 30) 8 31) 5 32) 4 33) 9 34) 2 35) 7
36) 1 37) 3 38) 0 39) 6 40) 8

56쪽
1) 64 2) 08 3) 56 4) 72 5) 24 6) 40 7) 16
8) 48 9) 00 10) 32 11) 56 12) 24 13) 64 14) 08
15) 72 16) 40 17) 32 18) 00 19) 48 20) 16 21) 24
22) 64 23) 72 24) 08 25) 40

57쪽
1) 0 2) 4 3) 7 4) 5 5) 8 6) 3 7) 6
8) 2 9) 9 10) 1 11) 5 12) 8 13) 4 14) 0
15) 7 16) 1 17) 3 18) 9 19) 6 20) 2 21) 6
22) 4 23) 7 24) 5 25) 1

9단 (58~65)

58쪽
1) 1,09 2) 2,18 3) 3,27 4) 4,36 5) 5,45
6) 6,54 7) 7,63 8) 8,72 9) 9,81 10) 10,90

60쪽
1) 63 2) 09 3) 45 4) 81 5) 36 6) 18 7) 54
8) 00 9) 72 10) 27 11) 54 12) 27 13) 00 14) 63
15) 18 16) 45 17) 72 18) 36 19) 09 20) 81 21) 45
22) 27 23) 72 24) 36 25) 18 26) 00 27) 81 28) 54
29) 09 30) 63 31) 00 32) 72 33) 54 34) 18 35) 00
36) 63 37) 09 38) 27 39) 81 40) 45

61쪽
1) 54 2) 36 3) 09 4) 81 5) 45 6) 00 7) 27
8) 63 9) 18 10) 72 11) 45 12) 09 13) 63 14) 36
15) 00 16) 27 17) 81 18) 18 19) 72 20) 54 21) 18
22) 09 23) 45 24) 27 25) 63 26) 81 27) 72 28) 00
29) 54 30) 36 31) 72 32) 45 33) 09 34) 81 35) 18
36) 63 37) 36 38) 54 39) 27 40) 00

62쪽
1) 8 2) 1 3) 6 4) 3 5) 9 6) 5 7) 2
8) 7 9) 0 10) 4 11) 1 12) 7 13) 3 14) 5
15) 8 16) 0 17) 4 18) 2 19) 6 20) 9 21) 4
22) 7 23) 5 24) 1 25) 6 26) 8 27) 0 28) 3
29) 9 30) 2 31) 7 32) 4 33) 8 34) 0 35) 2
36) 9 37) 6 38) 3 39) 1 40) 5

63쪽
1) 2 2) 8 3) 4 4) 7 5) 1 6) 9 7) 6
8) 4 9) 0 10) 5 11) 1 12) 8 13) 3 14) 2
15) 6 16) 4 17) 7 18) 9 19) 0 20) 5 21) 3
22) 1 23) 9 24) 5 25) 7 26) 4 27) 0 28) 6
29) 2 30) 8 31) 3 32) 6 33) 9 34) 4 35) 1
36) 8 37) 0 38) 5 39) 2 40) 7

64쪽
1) 00 2) 72 3) 18 4) 81 5) 45 6) 54 7) 36
8) 09 9) 63 10) 27 11) 81 12) 18 13) 54 14) 00
15) 72 16) 27 17) 09 18) 36 19) 63 20) 45 21) 18
22) 72 23) 00 24) 81 25) 54

65쪽
1) 6 2) 3 3) 4 4) 9 5) 6 6) 2 7) 4
8) 1 9) 0 10) 5 11) 7 12) 3 13) 6 14) 9
15) 0 16) 4 17) 1 18) 8 19) 2 20) 5 21) 7
22) 3 23) 9 24) 4 25) 0

종합연습문제

66쪽
1) 12 2) 06 3) 40 4) 54 5) 28 6) 16 7) 27
8) 14 9) 30 10) 32 11) 54 12) 05 13) 56 14) 81
15) 48 16) 21 17) 08 18) 00 19) 35 20) 36 21) 18
22) 42 23) 72 24) 24 25) 24 26) 25 27) 12 28) 48
29) 07 30) 64 31) 18 32) 09 33) 24 34) 15 35) 06
36) 32 37) 42 38) 16 39) 63 40) 12

67쪽
1) 30 2) 27 3) 24 4) 04 5) 28 6) 05 7) 49
8) 04 9) 36 10) 00 11) 56 12) 18 13) 42 14) 72
15) 21 16) 06 17) 08 18) 09 19) 20 20) 10 21) 12
22) 45 23) 18 24) 40 25) 24 26) 63 27) 35 28) 08
29) 06 30) 81 31) 14 32) 45 33) 15 34) 56 35) 16
36) 20 37) 00 38) 36 39) 28 40) 64

68쪽
1) 04,12,06,18,10,14,00,08,16,02 2) 24,09,21,15,03,00,06,27,18,12 3) 28,36,16,24,32,20,00,04,12,08 4) 30,05,40,25,10,45,15,20,00,35 5) 24,12,00,06,54,30,48,36,42,18 6) 35,56,14,00,21,07,42,28,63,49 7) 16,48,08,32,40,56,00,24,64,72 8) 09,27,72,00,36,81,63,18,45,54

암산이 마술처럼 술술~
계산력, 집중력, 두뇌개발
매직셈으로 키워주세요.